essentials

Weitere Bände in dieser Reihe
http://www.springer.com/series/13088

essentials liefern aktuelles Wissen in konzentrierter Form. Die Essenz dessen, worauf es als „State-of-the-Art" in der gegenwärtigen Fachdiskussion oder in der Praxis ankommt. essentials informieren schnell, unkompliziert und verständlich

- als Einführung in ein aktuelles Thema aus Ihrem Fachgebiet
- als Einstieg in ein für Sie noch unbekanntes Themenfeld
- als Einblick, um zum Thema mitreden zu können

Die Bücher in elektronischer und gedruckter Form bringen das Expertenwissen von Springer-Fachautoren kompakt zur Darstellung. Sie sind besonders für die Nutzung als eBook auf Tablet-PCs, eBook-Readern und Smartphones geeignet. essentials: Wissensbausteine aus den Wirtschafts, Sozial- und Geisteswissenschaften, aus Technik und Naturwissenschaften sowie aus Medizin, Psychologie und Gesundheitsberufen. Von renommierten Autoren aller Springer-Verlagsmarken.

Hermann Sicius

Chromgruppe: Elemente der sechsten Nebengruppe

Eine Reise durch das Periodensystem

Hermann Sicius
Dormagen, Deutschland

ISSN 2197-6708   ISSN 2197-6716 (electronic)
essentials
ISBN 978-3-658-13542-3   ISBN 978-3-658-13543-0 (eBook)
DOI 10.1007/978-3-658-13543-0

Die Deutsche Nationalbibliothek verzeichnet diese Publikation in der Deutschen National-
bibliografie; detaillierte bibliografische Daten sind im Internet über http://dnb.d-nb.de abrufbar.

Springer Spektrum

Gedruckt auf säurefreiem und chlorfrei gebleichtem Papier

Springer Spektrum ist Teil von Springer Nature
Die eingetragene Gesellschaft ist Springer Fachmedien Wiesbaden GmbH

Dieses Buch ist gewidmet:

Susanne Petra Sicius-Hahn
Elisa Johanna Hahn
Fabian Philipp Hahn
Dr. Gisela Sicius-Abel

Vorwort

Chrom in Zierleisten, Chromate als Hilfsmittel bei der Gerberei von Leder, Ferromolybdän als Bestandteil sehr harter Stähle, Wolfram in Wendeln von Glühlampen – diese Begriffe haben Sie wahrscheinlich schon einmal gehört. Der Ursprung der Namen dieser Elemente liegt stark in der Umgangssprache früherer Jahrhunderte verwurzelt: Chrom erhielt seinen Namen aufgrund der verschiedenen Farben seiner Verbindungen („chromos" (gr.): Farbe), Molybdän ist „schwer wie Blei" („molybdos" (gr.): Blei), Wolframerze störten bei der im Mittelalter in Deutschland betriebenen Gewinnung von Zinn und „fraßen die Ausbeute des Zinns wie ein Wolf auf". Seaborgium wurde nach dem amerikanischen Kernphysiker Seaborg benannt, dessen Arbeitsgruppe in den 1940er und 1950er-Jahren großen Anteil an der Entdeckung vieler Actinoiden hatte.

Die Nebengruppen des Periodensystems beinhalten einige sehr bekannte Namen von Elementen, wie beispielsweise Chrom, Eisen, Nickel, Kupfer, Silber, Gold, Zink, Quecksilber. Im Gegenzug findet man auf hierzu gleichwertigen Positionen viele Elemente, die manche von Ihnen, liebe Leser, vielleicht sogar die Mehrheit von Ihnen nicht sofort einordnen können: Osmium, Technetium, Rhenium, Hafnium, Scandium, Cadmium und wahrscheinlich auch Molybdän und Wolfram. Letztgenannte sind zusammen mit Chrom und Seaborgium Elemente derselben, nämlich der sechsten, Nebengruppe des Periodensystems.

Dieses *essential* gibt Ihnen eine prägnante und umfassende Übersicht über diese Elemente, die allesamt harte, hochschmelzende Metalle sind. Begleiten Sie uns weiterhin auf der Reise durch die Welt der Nebengruppen!

Was Sie in diesem Essential finden können

- Eine umfassende Beschreibung von Herstellung, Eigenschaften und Verbindungen der Elemente der sechsten Nebengruppe
- Aktuelle und zukünftige Anwendungen
- Ausführliche Charakterisierung der einzelnen Elemente

Inhaltsverzeichnis

Einleitung 1

Willkommen bei den Elementen der sechsten Nebengruppe (Chrom, Molybdän, Wolfram und Seaborgium), die zueinander physikalisch und chemisch relativ ähnlich sind. Auch bei Molybdän und Wolfram wirkt sich noch die Lanthanoidenkontraktion aus; die chemischen Eigenschaften beider Elemente sind sehr ähnlich, In den jeweiligen physikalischen Eigenschaften unterscheiden sich die beiden Elemente jedoch gelegentlich deutlich, was man an deren Dichte und den Schmelz- und Siedepunkten festmachen kann. Oft geben die Elemente dieser Gruppe insgesamt sechs äußere Valenzelektronen (jeweils zwei s- und zwei d-Elektronen) ab, um eine stabile Elektronenkonfiguration zu erreichen. Bei Chrom ist die Oxidationsstufe +3 die stabilste.

Die Entdeckung des Chroms, Molybdäns und Wolframs erfolgte jeweils gegen Ende des 18. Jahrhunderts, die des Seaborgiums dagegen fast 200 Jahre später, im Jahre 1974. Sie finden alle Elemente im untenstehenden Periodensystem in Gruppe N 6.

Elemente werden eingeteilt in Metalle (z. B. Natrium, Calcium, Eisen, Zink), Halbmetalle wie Arsen, Selen, Tellur sowie Nichtmetalle wie beispielsweise Sauerstoff, Chlor, Jod oder Neon. Die meisten Elemente können sich untereinander verbinden und bilden chemische Verbindungen; so wird z. B. aus Natrium und Chlor die chemische Verbindung Natriumchlorid, also Kochsalz).

Einschließlich der natürlich vorkommenden sowie der bis in die jüngste Zeit hinein künstlich erzeugten Elemente nimmt das aktuelle Periodensystem der Elemente (Abb. 1.1) bis zu 118 Elemente auf, von denen zur Zeit noch vier Positionen unbesetzt sind.

© Springer Fachmedien Wiesbaden 2016

H. Sicius, *Chromgruppe: Elemente der sechsten Nebengruppe*, essentials,

DOI 10.1007/978-3-658-13543-0_1

H 1	H 2	N 3	N 4	N 5	N 6	N 7	N 8	N 9	N 10	N 1	N 2	H 3	H 4	H 5	H 6	H 7	H 8
1 H																	2 He
3 Li	4 Be											5 *B*	6 *C*	7 N	8 O	9 F	10 Ne
11 Na	12 Mg											13 Al	14 *Si*	15 P	16 S	17 Cl	18 Ar
19 K	20 Ca	21 Sc	22 Ti	23 V	24 Cr	25 Mn	26 Fe	27 Co	28 Ni	29 Cu	30 Zn	31 Ga	32 *Ge*	33 *As*	34 *Se*	35 Br	36 Kr
37 Rb	38 Sr	39 Y	40 Zr	41 Nb	42 Mo	43 Tc	44 Ru	45 Rh	46 Pd	47 Ag	48 Cd	49 In	50 Sn	51 Sb	52 *Te*	53 I	54 Xe
55 Cs	56 Ba	57 La	72 Hf	73 Ta	74 W	75 Re	76 Os	77 Ir	78 Pt	79 Au	80 Hg	81 Tl	82 Pb	83 Bi	84 Po	85 *At*	86 Rn
87 Fr	88 Ra	89 Ac	104 Rf	105 Db	106 Sg	107 Bh	108 Hs	109 Mt	110 Ds	111 Rg	112 Cn	113 Uut	114 Fl	115 Uup	116 Lv	117 Uus	118 Uuo

Ln >	58 Ce	59 Pr	60 Nd	61 Pm	62 Sm	63 Eu	64 Gd	65 Tb	66 Dy	67 Ho	68 Er	69 Tm	70 Yb	71 Lu
An >	90 Th	91 Pa	92 U	93 Np	94 Pu	95 Am	96 Cm	97 Bk	98 Cf	99 Es	100 Fm	101 Md	102 No	103 Lr

Radioaktive Elemente *Halbmetalle*

H: Hauptgruppen N: Nebengruppen

Abb. 1.1 Periodensystem der Elemente

Die Einzeldarstellungen der insgesamt vier Vertreter der Gruppe der Elemente der sechsten Nebengruppe enthalten dabei alle wichtigen Informationen über das jeweilige Element, so dass ich hier nur eine sehr kurze Einleitung vorangestellt habe.

Chrom ist in der Erdhülle immerhin noch mit einem Anteil von 190 ppm vertreten, wogegen Molybdän bzw. Wolfram mit Anteilen von 14 bzw. 60 ppm eher selten sind. Seaborgium ist ausschließlich durch künstliche Kernreaktionen und dann nur in geringsten Mengen, die bis an wenige Atome heranreichen, zugänglich.

© Springer Fachmedien Wiesbaden 2016
H. Sicius, *Chromgruppe: Elemente der sechsten Nebengruppe*, essentials,
DOI 10.1007/978-3-658-13543-0_2

Herstellung 3

Chrom gewinnt man, nach Aufschluss seiner Erze, durch Reduktion des gereinigten Oxids mit Aluminium. Die Produktion von Molybdän und Wolfram ist wesentlich teurer, hier hat sich die Reduktion des jeweiligen Trioxids mit Wasserstoff durchgesetzt.

© Springer Fachmedien Wiesbaden 2016

H. Sicius, *Chromgruppe: Elemente der sechsten Nebengruppe*, essentials,

DOI 10.1007/978-3-658-13543-0_3

Eigenschaften 4

4.1 Physikalische Eigenschaften

Die physikalischen Eigenschaften sind auch in dieser Gruppe mit nur wenigen Ausnahmen regelmäßig nach steigender Atommasse abgestuft. In Analogie zu den Nachbarelementen der fünften und siebten Nebengruppe nehmen vom Chrom zum Wolfram Dichte, Schmelzpunkte und -wärmen sowie Siedepunkte und Verdampfungswärmen zu, die chemische Reaktionsfähigkeit geht dagegen leicht zurück. Der bei den Elementen der ersten bis dritten Hauptgruppe zu beobachtende Effekt der Schrägbeziehung erscheint bei sämtlichen Nebengruppenelementen, also auch in dieser Gruppe, nicht. Das Element Chrom leitet in seinen Eigenschaften also nicht zum Technetium über.

4.2 Chemische Eigenschaften

Die Elemente der Chromgruppe sind teils reaktiv (wie Chrom), aber oft auch sehr reaktionsträge. An der Luft lagernd, schützt sie eine sehr dünne, passivierende Oxidschicht vor weiterer Korrosion durch Luftsauerstoff, und auch in Säuren sind sie nur vereinzelt und auch dann nur unter Anwendung drastischer Methoden löslich. Mit vielen Nichtmetallen (Halogene, Sauerstoff, auch Stickstoff und Kohlenstoff) reagieren sie aber bei erhöhter Temperatur. Chrom-III-oxid (Cr_2O_3) reagiert amphoter, Chrom-VI-oxid (CrO_3) stark sauer, Molybdän-VI-oxid (MoO_3) und Wolfram-VI-oxid (WO_3) dagegen nur sehr schwach sauer.

© Springer Fachmedien Wiesbaden 2016

H. Sicius, *Chromgruppe: Elemente der sechsten Nebengruppe*, essentials,

DOI 10.1007/978-3-658-13543-0_4

Einzeldarstellungen

Im folgenden Teil sind die Elemente der Chromgruppe (6. Nebengruppe) jeweils einzeln mit ihren wichtigen Eigenschaften, Herstellungsverfahren und Anwendungen beschrieben.

5.1   Chrom

Symbol:	Cr		
Ordnungszahl:	24		
CAS-Nr.:	7440-47-3		
Aussehen:	Silberweiß glänzend	Chrom, Stück (Tomihahndorf 2006)	Chrom, Pulver (Sicius 2016)
Entdecker, Jahr	Vauquelin (Frankreich), 1798 Klaproth (Preußen), 1798		
Wichtige Isotope [natürliches Vorkommen (%)]	Halbwertszeit (a)	Zerfallsart, -produkt	
$^{50}_{24}$Cr (4,345)	>1,8 $*$ 10^{17}	2ε > $^{50}_{22}$Ti	
$^{52}_{24}$Cr (83,79)	Stabil	----	
$^{53}_{24}$Cr (9,50)	Stabil	----	
$^{54}_{24}$Cr (2,365)	Stabil	----	
Massenanteil in der Erdhülle (ppm):		190	
Atommasse (u):		51,996	

© Springer Fachmedien Wiesbaden 2016
H. Sicius, *Chromgruppe: Elemente der sechsten Nebengruppe*, essentials,
DOI 10.1007/978-3-658-13543-0_5

Elektronegativität (Pauling ◆ Allred&Rochow ◆ Mulliken)	1,66 ◆ K. A. ◆ K. A.
Normalpotential: $Cr^{3+} + 3\,e^- > Cr$ (V)	−0,744
Atomradius (berechnet) (pm):	140 (166)
Van der Waals-Radius (pm):	Keine Angabe
Kovalenter Radius (pm):	139
Ionenradius (Cr^{3+}/Cr^{6+}, pm)	64/53
Elektronenkonfiguration:	[Ar] $3d^4\,4s^2$
Ionisierungsenergie (kJ/mol), erste ◆ zweite ◆ dritte ◆ vierte ◆ fünfte ◆ sechste:	653 ◆ 1591 ◆ 2987 ◆ 4743 ◆ 6702 ◆ 8745
Magnetische Volumensuszeptibilität:	$3,1 * 10^{-4}$
Magnetismus:	Antiferromagnetisch/Paramagnetisch
Kristallsystem:	Kubisch-raumzentriert
Elektrische Leitfähigkeit([A/(V $*$ m)], bei 300 K):	$7,87 * 10^6$
Elastizitäts- ◆ Kompressions- ◆ Schermodul (GPa):	279 ◆ 160 ◆ 115
Vickers-Härte ◆ Brinell-Härte (MPa):	1060 ◆ 687-6500
Mohs-Härte	8,5
Schallgeschwindigkeit (longitudinal, m/s, bei 293,15 K):	5940
Dichte (g/cm³, bei 293,15 K)	7,14
Molares Volumen (m³/mol, im festen Zustand):	$7,23 \cdot 10^{-6}$
Wärmeleitfähigkeit [W/(m $*$ K)]:	94
Spezifische Wärme [J/(mol $*$ K)]:	23,35
Schmelzpunkt (°C ◆ K):	1907 ◆ 2180
Schmelzwärme (kJ/mol)	16,93
Siedepunkt (°C ◆ K):	2482 ◆ 2755
Verdampfungswärme (kJ/mol):	347

Vorkommen

Chrom kommt in der Natur meist in Form seiner Verbindungen vor, tritt aber sehr selten auch elementar auf. Das ökonomisch wichtigste Chromerz ist Chromit (Chromeisenstein; $FeCr_2O_4$), das man im Tagebau oder in geringer Tiefe ab baut. Andere Minerale wie Ferchromid (87 %) oder Grimaldiit (61 %) weisen zwar noch höhere Chromanteile auf, sind aber wesentlich seltener. Weltweit sind ungefähr 100 Chrommineralien bekannt und charakterisiert.

Anfang der 2000er-Jahre stand Südafrika noch für die Hälfte der Weltförderung; mit erheblichem Abstand folgten Kasachstan (ca. 15 %), Indien (ca. 12 %) sowie, mit jeweils etwa 3 % Anteil, Zimbabwe und Finnland. 2006 trug Südafrika noch ein gutes Drittel bei, und Indien war mit einem Anteil von ca. 19 % schon stark entwickelt. Kasachstan folgte mit 17 %, weitere 13 % teilten sich in diesem Jahr (2006) Brasilien, Zimbabwe, Türkei und Finnland zusammen. Die Türkei war bis zum Zweiten Weltkrieg eines der bedeutendsten Förderländer (Ziegler 1997).

Gewinnung

Vom geförderten Chromiterz trennt man das wertlose Gestein ab und schmilzt das Erz mit Soda bei gleichzeitigem Einleiten von Luftsauerstoff, wodurch gelbes *Natriumchromat (Na₂CrO₄)* erzeugt wird:

$$4\,FeCr_2O_4 + 8\,Na_2CO_3 + 7\,O_2 \rightarrow 8\,Na_2CrO_4 + 2\,Fe_2O_3 + 8\,CO_2$$

Jenes wäscht man mit heißem Wasser aus; durch Versetzen des wässrigen Extraktes mit Schwefelsäure erzeugt man anschließend schwer wasserlösliches *Natriumdichromat:*

$$2\,Na_2CrO_4 + H_2SO_4 \rightarrow Na_2Cr_2O_7 + Na_2SO_4 + H_2O$$

Das Dichromat kristallisiert beim Abkühlen der wässrigen Mutterlauge als Dihydrat aus. Es wird abfiltriert, getrocknet und mit Kohle geglüht, wobei sich *Chrom-III-oxid (Cr₂O₃)* bildet:

$$Na_2Cr_2O_7 + 2\,C \rightarrow Cr_2O_3 + Na_2CO_3 + CO$$

Schließlich reduziert man das grüne Chrom-III-oxid mit Aluminiumpulver zu Chrom:

$$Cr_2O_3 + 2\,Al \rightarrow Al_2O_3 + 2\,Cr$$

Dabei fällt Chrom in guter, aber nicht für alle Anwendungen ausreichender Reinheit an. Die Erzeugung des Metalls durch direkte Reduktion seiner oxidischen Erze mit Kohle funktioniert nicht, da sich bei dieser Reaktion Chromcarbid bildet. Noch reineres Chrom kann man mittels Elektrolyse einer schwefelsauren Chrom-III-sulfatlösung herstellen; jene gewinnt man durch Lösen von Ferrochrom oder Chrom-III-oxid in Schwefelsäure und -in ersterem Fall- darauf folgender Abtrennung des Eisens. Hochreines Chrom erzeugt man, wie es auch bei Titan und Vanadium üblich ist, nach dem Van Arkel-De Boer-Verfahren.

Eigenschaften

Physikalische Eigenschaften: Das silberweiße, korrosionsbeständige Chrom ist sehr hart, aber trotzdem zäh, form- und schmiedbar. Mit einer Néel-Temperatur von 38°C (311 K) ist es bei Raumtemperatur antiferromagnetisch (Fawcett 1976).

Chemische Eigenschaften: Chrom wird nach Ablauf einer längeren Kontaktzeit von Salzsäure und Schwefelsäure unter Wasserstoffentwicklung angegriffen, nachdem die schützende Oxidschicht abgelöst wurde. Häufige Oxidationsstufen des Chroms sind +2, +3 und +6, wobei +3 die beständigste ist. Chrom-VI-Verbindungen sind starke Oxidationsmittel, die des Chrom-II wirken dagegen kräftig reduzierend (Riedel und Janiak 2011, S. 814) und sind in wässriger Lösung nur bei Ausschluss von Luftsauerstoff haltbar. Eine wesentliche Begründung der unterschiedlichen Stabilitäten von Cr^{2+}- und Cr^{3+}-Ionen liefert die Kristallfeldtheorie, nach der im oktaedrisch koordinierten Cr^{3+}-Ion alle energetisch günstigen Orbitale (t_{2g}) mit jeweils einem ungepaarten Elektron besetzt sind, wogegen beim Cr^{2+}-Ion aufgrund des es umgebenden, meist nur schwachen oktaedrischen Ligandenfeldes in der Regel der energiereichere und damit unbeständigere high spin-Komplex (3 ungepaarte Elektronen in den t_{2g}- und eines im e_g-Oribital) gebildet wird (Riedel und Janiak 2011, S. 812).

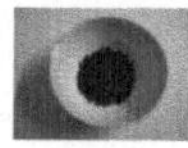

Chrom-VI-oxid,   Chrom-III-oxid,
BXXXD (2005)   Benjah-bmm27 (2007)

Cr-VI in Form von Chrom-VI-oxid, Chromat (CrO_4^{2-}) bzw. Dichromat ($Cr_2O_7^{2-}$) ist ein starkes Oxidationsmittel und darüber hinaus giftig und krebserregend.

Verbindungen

Verbindungen mit Chalkogenen: Das bereits oben genannte *Chrom-III-oxid (Cr_2O_3)* ist ein grünes Pulver vom Schmelzpunkt 2.435 °C und einer Dichte von 5,22 g/cm³. Es ist sehr hart, kristallisiert hexagonal-rhomboedrisch und ist im Gegensatz zu Chrom-VI-Verbindungen nicht giftig. Chrom-III-oxid setzt man wegen seiner Härte als Schleifmittel ein, unter dem Namen Chromoxidgrün als Farbmittel für Emaille und Glas (Binnewies et al. 2010; Dohnke 2000). Gelegentlich findet es bei organischen Synthesen auch als Katalysator Verwendung.

Der qualitativ-analytische Nachweis erfolgt durch Schmelzen der Probe mit Natriumhydroxid und Kaliumnitrat, wobei sich gelbes Chromat bildet:

$$Cr_2O_3 + 4\,NaOH + 3\,KNO_3 \rightarrow 2\,Na_2CrO_4 + 2\,H_2O + 3\,KNO_2$$

Chrom-IV-oxid (CrO_2) ist ein schwarzes ferromagnetisches und elektrisch leitfähiges Pulver der Dichte 4,89 g/cm³, das sich ab einer Temperatur von 375 °C zersetzt und in einer tetragonalen Rutilstruktur kristallisiert. Es dient seit langem zur Herstellung von Magnetbändern und hat dabei wegen seiner höheren Koerzivität und des somit besseren Signal-Rausch-Verhältnisses das früher hierfür eingesetzte Eisenoxid verdrängt. Es ist unter anderem durch Zersetzung von Chrom-VI-oxid mittels Wasser bei Temperaturen um 500°C und unter hohem Druck (ca. 200 MPa) synthetisierbar.

Chrom-VI-oxid (CrO₃) ist das Anhydrid der hypothetischen Chromsäure. Es schmilzt bei einer Temperatur von 235°C und bildet bei Raumtemperatur rotviolette, geruchlose, nadelförmige Kristalle, die verzerrt tetraedrische Struktur besitzen (Stephens und Cruickshank 1970). Chrom-VI-oxid ist ein starkes Oxidationsmittel und reagiert mit brennbaren organischen Stoffen unter Umständen explosionsartig. Beim Glühen gibt es Sauerstoff unter gleichzeitigem Abbau zu Chrom-III-oxid ab. In wässriger Lösung bildet es gelbe Chromatanionen (CrO_4^{2-}); diese Lösung wirkt stark ätzend. Chrom-VI-oxid ist sehr giftig, krebserregend und erbgutverändernd. Wird die Substanz verschluckt, können bereits Mengen < 1 g für Erwachsenen tödlich wirken; erste Symptome sind Krämpfe und Lähmungen.

Chrom-VI-oxid stellt man durch Versetzen konzentrierter Chromatlösungen mit konzentrierter Schwefelsäure her. Anwendungen bestehen in der Galvanotechnik, in Holzschutzmitteln sowie zur Herstellung von Chrom-IV-oxid, Kaliumdichromat und Ammoniumdichromat.

Das orangefarbene, ebenfalls sehr giftige *Kaliumdichromat (K₂Cr₂O₇)* wirkt ebenso stark oxidierend wie Chrom-VI-oxid und wird durch Ansäuern von *Kaliumchromatlösung (K₂CrO₄)* hergestellt. Die Oxidationswirkung nutzt man in den von der Polizei benutzten Promilletestern, da etwaig in der Atemluft enthaltener Ethanol in schwefelsaurer Lösung zu Acetaldehyd oxidiert und gleichzeitig Chrom-VI zu grünem Chrom-III reduziert wird. Außerdem benutzt man Kaliumdichromat als Titer in der quantitativen Analyse sowie als Fixiermittel in industriellen Färbebädern.

Das früher als Malerfarbe verwendete *Chromgelb (Blei-II-chromat/-sulfat, PbCrO₄ * 2 PbSO₄)* war zwar ein kräftig gelbes Farbpigment („Postgelb"), wird aber heute wegen seiner Toxizität praktisch nicht mehr eingesetzt und wurde fast völlig durch organische Produkte verdrängt. Das jahrzehntelang verwendete Chromgelb besaß ein hohes Deckvermögen; die Beständigkeit gegenüber Licht hing jedoch vom Gelbton ab. In älteren Gemälden ist dieser Effekt deutlich zu sehen (Monico et al. 2011; Cotton und Wilkinson 1967; Enghag 2008).

Chrom-III-sulfid (Cr₂S₃) ist ein brauner, geruchloser Feststoff vom Schmelzpunkt 1.350°C und der Dichte 3,77 g/cm³, der in Wasser unlöslich ist (Holleman et al. 1995, S. 1451), sich aber in Mineralsäuren wie Salpetersäure löst. Man stellt die Verbindung durch Reaktion eines stöchiometrischen Gemischs von Chrom und Schwefel bei 1.000°C erzeugen:

$$2\,Cr + 3\,S \rightarrow Cr_2S_3$$

Alternativ ist auch die Herstellung aus Chrom-III-chlorid oder -III-oxid mit Schwefelwasserstoff bei Temperaturen von 650°C möglich (Brauer 1981, S. 1493):

$$2\,CrCl_3 + 3\,H_2S \rightarrow Cr_2S_3 + 6\,HCl \qquad\qquad Cr_2O_3 + 3\,H_2S \rightarrow Cr_2O_3 + 3\,H_2O$$

Die Verbindung kristallisiert trigonal im Nickelarsenidtyp (Riedel und Janiak 2011; Eagleson 1994). Beim Versuch, Chrom-III-sulfid zu schmelzen, zersetzt sich die Substanz unter Abgabe von Schwefel über zwischenzeitlich entstehende Verbindungen wie Cr_3S_4, Cr_5S_6 und Cr_7S_8 zu Chrom-II-sulfid (Blachnik et al. 1998). Chrom-III-sulfid reagiert mit oxidierenden alkalischen Lösungen zu Chrom-VI-Verbindungen, und das Schmelzen mit Alkalisulfiden ergibt Thiochromite-III $[CrS_3^{3-}]$.

Verbindungen mit Halogenen: Chrom-IV-fluorid (CrF_2) erzeugt man durch Reaktion von Chrom mit Fluoriden edlerer Metalle oberhalb der Schmelztemperatur der Salze (Zuckerman 2009):

$$Cr + CdF_2 \rightarrow Cd\uparrow + CrF_2 \left(T : > 1110\,°C\right) \qquad 3\,Cr + BiF_3 \rightarrow 2\,Bi + 3\,CrF_2 \left(T : 727\,°C\right)$$

Alternativ ist die Herstellung durch Reaktion von Chrom mit Fluorwasserstoff bei etwa 200°C (Zuckerman 2009) oder durch Umsetzung von Chrom-III-fluorid mit Wasserstoff (Holleman et al. 1995) möglich. Das hellgrüne, bei einer Temperatur von 894°C schmelzende Pulver kristallisiert monoklin im verzerrten Rutiltyp (Alsfasser und Meyer 2007). Beim Erhitzen an der Luft zersetzt es sich zu Chrom-III-oxid (Perry 2011).

Chrom-III-fluorid (CrF_3) sublimiert in wasserfreier Form bei einer Temperatur von 1100°C und besitzt eine Dichte von 3,8 g/cm^3. Die wasserfreie Verbindung ist ein grüner, kristalliner Feststoff, in dessen Gitter ein Cr^{3+}-Ion oktaedrisch von sechs Fluoridionen umgeben ist. Das Trihydrat ist ebenfalls grün, das Hexahydrat violett, wobei in den Hydraten einige Fluoridionen durch Wasser ersetzt sind (Herbstein et al. 1985). Die wässrige Lösung der Hydrate reagiert stark sauer.

Die hydratisierte Verbindung ist beispielsweise durch Umsetzung von Chrom-III-oxid mit Fluorwasserstoff zugänglich (Anger et al. 2005):

$$Cr_2O_3 + 3\,H_2F_2 + 9\,H_2O \rightarrow 2\,CrF_3 * 6\,H_2O$$

Die wasserfreie Form ist dagegen aus Fluorwasserstoff und Chrom-III-chlorid herstellbar (Greenwood und Earnshaw 1998):

$$2\,CrCl_3 + 3\,H_2F_2 \rightarrow 2\,CrF_3 + 6\,HCl$$

Einsatz findet Chrom-III-fluorid als Korrosionsinhibitor in Rostschutzfarben sowie beim Beizen von Wolle und Cellulosefasern.

Chrom-IV-fluorid (CrF₄) existiert als grünschwarzes α-Chrom-IV-fluorid (enthält transkantenverbundene CrF_6-Okateder) mit Sublimationspunkt 100°C sowie als dunkelviolette, kristalline β-Modifikation (mit cis-eckenverknüpften CrF_6-Oktaedern), die bei einer Temperatur von 227°C schmilzt. Die α-Modifikation kann man bei Temperaturen von ca. 350°C aus den Elementen gewinnen (I) oder aber durch Fluorieren von Chrom-III-fluorid oder -chlorid (Holleman et al. 2007, S. 1571; II bzw. III):

(I) $Cr + 2\,F_2 \rightarrow CrF_4$

(II) $2\,CrF_3 + F_2 \rightarrow 2\,CrF_4$

(III) $2\,CrCl_3 + 4\,F_2 \rightarrow 2\,CrF_4 + 3\,Cl_2$

Das β-Chromtetrafluorid erzeugt man gezielt mittels mehrmonatiger Thermolyse von Chrom-V-fluorid bei Temperaturen um 130°C:

$$2\,CrF_5 \rightarrow 2\,CrF_4 + F_2.$$

Chrom-V-fluorid (CrF₅) ist ein karminroter, polymer in einer Struktur mit cis-verknüpften CrF_6-Oktaedern kristallisierender, stark oxidierend wirkender Feststoff, der mit einem Schmelzpunkt von 34°C und einem Siedepunkt von 117°C sehr flüchtig ist. Man stellt die Verbindung durch Reaktion der Elemente bei 400°C und einem Druck von 200 bar her (Holleman et al. 2007; S. 1571).

Das bei einer Temperatur von 824°C schmelzende *Chrom-II-chlorid (CrCl₂)* stellt man durch Reduktion von Chrom-III-chlorid mit Wasserstoff bei Temperaturen um 500°C her (I); alternativ kann dies auch durch Verwendung von Lithiumaluminiumhydrid (II) oder durch Reaktion von Chrom-III-chlorid mit Zink (III) erreicht werden:

(I) $2\,CrCl_3 + H_2 \rightarrow 2\,CrCl_2 + 2\,HCl$

(II) $4\,CrCl_3 + LiAlH_4 \rightarrow 4\,CrCl_2 + LiCl + AlCl3 + 2\,H_2$

(III) $2\,CrCl_3 + Zn \rightarrow 2\,CrCl_3 + ZnCl_2$

Die Verbindung ist im wasserfreien Zustand (Burg 1950) ein hydrolyse- und luftempfindlicher, hygroskopischer, grauer und geruchloser Feststoff, der orthorhombisch kristallisiert. Man verwendet Chrom-II-chlorid als Katalysator und Reduktionsmittel.

Chrom-III-chlorid (CrCl₃) wird durch direkte Umsetzung von Chrom im Chlorgasstrom bei Temperaturen um 600°C gewonnen (Brauer 1981; S. 1541):

$$2\,Cr + 3\,Cl_2 \rightarrow 2\,CrCl_3$$

Eine andere Synthese beinhaltet die Umsetzung von Chrom-III-oxid mit Kohle und Chlor bei noch wesentlich höheren Temperaturen (ca. 1200°C; Holleman et al. 2007, S. 1573):

$$Cr_2O_3 + 3\,C + 3\,Cl_2 \rightarrow 2\,CrCl_3 + 3\,CO$$

Die rotviolette, wasserfreie Form schmilzt bei einer Temperatur von 1.152°C und besitzt eine Dichte von 2,87 g/cm³. In reinem Zustand ist die Verbindung darüber hinaus in Wasser nahezu unlöslich; der Lösungsvorgang wird erst durch Anwesenheit von Spuren reduzierend wirkender Substanzen ermöglicht (Riedel und Janiak 2011).

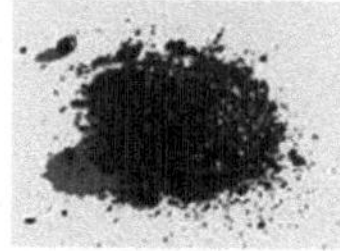

Wasserfreies Chrom-III-chlorid
(Benjah-bbm27 2009)

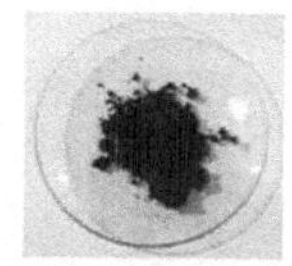

Hexahydrat [CrCl₂(H₂O)₄]Cl·2H₂O
(Mangl 2007)

Die Verbindung setzt man meist als Katalysator, zur elektrolytischen Verchromung sowie zur Wasserdichtimprägnierung ein.

Chrom-VI-oxiddichlorid (Chromylchlorid, CrO₂Cl₂) ist eine flüchtige, blutrote, an feuchter Luft rauchende, äußerst giftige Flüssigkeit vom Erstarrungspunkt −96,5°C und Siedepunkt 117°C. Wasser zersetzt die Verbindung heftig unter Bildung von Chlorwasserstoff und Chromsäure.

Die Darstellung erfolgt durch Reaktion von Chlorwasserstoff mit Chromtrioxid (I) oder durch Erhitzen einer Mischung aus Kaliumchromat, Natriumchlorid und konzentrierter Schwefelsäure sowie Abdestillieren des bei den Reaktionen gebildeten Chrom-VI-oxiddichlorids:

(I) $CrO_3 + 2\,HCl \rightarrow CrO_2Cl_2 + H_2O$

(II) $K_2CrO_4 + 2\,NaCl + 2\,H_2SO_4 \rightarrow CrO_2Cl_2 + Na_2SO_4 + K_2SO_4 + 2\,H_2O$

Chrom-VI-oxiddichlorid ist eine sehr starke Lewis-Säure und ein kräftiges, zudem brandförderndes Oxidationsmittel, als das es auch in der organischen Synthesechemie, z. B. bei der Oxidation von Alkenen zu Aldehyden, eingesetzt wird. Ferner dient es als Beizmittel beim Gerben von Leder. Es ist als krebserzeugend und erbgutverändernd (Kategorie 2) eingestuft.

Das bei einer Temperatur von 842 °C schmelzende *Chrom-II-bromid (CrBr$_2$)* erhält man beispielsweise durch Reduktion von Chrom-III-bromid mit Wasserstoff (Brauer 1981, S. 1481):

$$2\,CrBr_3 + H_2 \rightarrow 2\,CrBr_2 + 2\,HBr$$

Der weiße, monoklin kristallisierende Feststoff (Blachnik 1998, S. 392; Holleman et al. 1995, S. 1453) löst sich in luftfreiem Wasser mit blauer Farbe und oxidiert an der Luft schnell.

Chrom-III-bromid (CrBr$_3$) stellt man durch direkte Bromierung metallischen Chroms bei hoher Temperatur her (Brauer 1981, S. 1487):

$$2\,Cr + 3\,Br_2 \rightarrow 2\,CrBr_3$$

Die wasserfreie Verbindung bildet bei einer Temperatur von 1.130 °C schmelzende, schwarzglänzende Kristalle, die im durchfallenden Licht grün, im reflektierten rot erscheinen. Analog zu Chrom-III-chlorid ist es in Wasser erst nach Zusatz geeigneter Reduktionsmittel löslich; zweckmäßig verwendet man hierfür dann Chrom-II-Salze. Das bereits bei 79 °C im eigenen Kristallwasser schmelzende, violette Hexahydrat ist jedoch gut löslich in Wasser.

Wegen der im Vergleich zu Chlor oder Brom geringeren Reaktivität des Iods ist die Darstellung von *Chrom-II-iodid (CrI$_2$)* direkt aus den Elementen möglich. Die Substanz schmilzt bei einer Temperatur von 868 °C und weist eine Dichte von 4,92 g/cm^3 auf. Sie ist äußerst luft- und wasserempfindlich. Die braunroten Kristallblättchen lösen sich leicht in luftfreiem Wasser unter Bildung einer hellblauen Lösung (Brauer 1981, S. 1481).

Chromnitrid (CrN) und -carbid (Cr$_3$C$_2$): Chromnitrid (CrN) besitzt metallische Eigenschaften und ist ein schwarzes, magnetisches Pulver der Dichte 5,9 g/cm^3, das unlöslich in Säuren und Laugen ist und in der kubischen Natriumchloridstruktur kristallisiert. Als Mineral Carlsbergit kommt es sogar natürlich auf der Erde sowie in Meteoriten vor (Anthony 1995). Diese γ-Phase des Chromnitrids schmilzt bei 1500 °C unter Zersetzung in die Elemente, verliert aber schon vorher beim Erhitzen auf diese Temperatur Stickstoff und geht in *Dichrommononitrid (Cr$_2$N,* „β-Phase") über, das im hexagonalen Gitter kristallisiert (Martienssen und Warlimont 2005).

Chromnitrid ist sehr hart und außerdem äußerst beständig auch gegenüber aggressiven Chemikalien. Man setzt es zur Passivierung von aus Chrom gefertigten Gegenständen oder auch als Beschichtung für Zerspanungswerkzeuge ein (Doege und Behrens 2010). Es wird durch mehrstündiges Erhitzen pulverförmigen Chroms bzw. des aus Chrom bestehenden Werkstücks in Stickstoffatmosphäre bei Temperaturen oberhalb von 800°C her gestellt (Brauer 1981, S. 1494):

$$2\,Cr + N_2 \rightarrow 2\,CrN$$

Alternativ ist auch das Erhitzen von Chrom-III-chlorid im Ammoniakgasstrom möglich (Brauer 1981, S. 1494):

$$CrC_{13} + 4\,NH_3 \rightarrow CrN + 3\,NH_4Cl$$

Chromcarbid (Cr_3C_2) kommt natürlich in Form des Minerals Tongbait vor und ist ein grauer, geruchloser und brennbarer Feststoff der Dichte 6,68 g/cm^3, der bei einer Temperatur von 1.890°C schmilzt und orthorhombisch kristallisiert (Perry 2011, S. 487). Der Siedepunkt der Schmelze liegt extrapoliert bei 3.800°C. Die Darstellung von Chromcarbid erfolgt durch Umsetzung von Chrom-III-oxid mit Aluminium und Kohlenstoff (Mitsuyuki et al. 2007):

$$3\,Cr_2O_3 + 4\,C + 6\,Al \rightarrow 2\,Cr_3C_2 + 3\,Al_2O_3$$

Die Verbindung ist Bestandteil korrosionsresistenter Hartmetalllegierungen (Bobzin 2013).

Sonstige Chromverbindungen: Wasserfreies Chrom-III-sulfat [$Cr_2(SO_4)_3$] stellt man durch Umsetzung von Kaliumdichromat mit Schwefelsäure und Schwefelwasserstoff her:

$$4\,K_2Cr_2O_7 + 13\,H_2SO_4 + 3\,H_2S \rightarrow 4\,Cr_2\left(SO_4\right)_3 + 4\,K_2SO_4 + 16\,H_2O$$

In wasserfreier Form bildet Chrom-III-sulfat rotbraune Kristalle hexagonaler Struktur, als Pentahydrat [$Cr_2(SO_4)_3 \cdot 5\,H_2O$] ist es dunkelgrün. Das völlig wasserfreie Salz ist in Wasser unlöslich (Gmelins Handbuch 1962; Kirk-Othmer 1991), wohl aber die kristallwasserhaltigen Formen unter Bildung von blauvioletter Lösungen. Man setzt die Verbindung als Textilbeize oder zur Gerbung von Leder ein.

Man kennt außerdem viele Komplexverbindungen des Chroms, dabei überwiegen eindeutig die des Chrom-III und darunter wiederum diverse Amin- und Aquakomplexe. Ebenso existieren auch Komplexe mit organischen Aminen, sowohl ein- als auch mehrzähnigen. Oktaedrisch koordinierte Komplexe der allgemeinen

Formel $[CrX_6]^{3-}$ gibt es mit den Liganden Fluorid, Chlorid, Cyanid und Thiocyanat. Ein schönes Beispiel für einen gemischt zusammengesetzten Komplex ist das Reinecke-Salz $(NH_4[Cr(SCN)_4(NH_3)_2])$.

Dagegen sind Komplexe, in denen Chrom mit einer anderen Oxidationszahl als +3 auftritt, meist instabil. So sind generell Chrom-II-verbindungen starke Reduktionsmittel und entsprechend sehr empfindlich gegenüber Luftsauerstoff. Chrom-VI kann, obwohl es an sich bereits ein starkes Oxidationsmittel ist, in wasserstoffperoxidhaltiger Lösung sogar Peroxokomplexe bilden. Kürzlich gelang es sogar, in einem Komplex Chromionen der Oxidationszahl +1 (!) zu stabilisieren (Samuel et al. 2015).

Analytik

Qualitativ lässt sich Chrom-III nachweisen, indem man es in alkalischer Wasserstoffperoxidlösung in gelbes Chromat überführt:

$$3\,H_2O_2 + 2\,Cr^{3+} + 10\,OH^- \rightarrow 2\,CrO_4^{2-} + 8\,H_2O$$

Das blaue *Chrom-VI-peroxid [CrO(O₂)₂]*. Dazu vermischt man verdünnte Salpetersäure mit Wasserstoffperoxid und überschichtet die Mischung mit Diethylether. Die eventuell Chrom enthaltende Lösung wird der wässrigen Phase zugefügt, ohne beide Flüssigkeiten miteinander zu vermischen. Ist Chrom zugegen, bildet sich an der Grenzfläche beider Phasen ein blauer Ring aus Chrom-VI-peroxid. Bei polarografischem Nachweis zeigt der $[Cr(NH_3)_6]^{3+}$- Komplex, gelöst in einem 1 m-Ammoniak-Ammoniumchlorid-Puffer eine Resonanz bei einer angelegten Spannung von $-1,42$ V (Heyrovský und Kůta 1965).

Anwendungen

Chrom und seine Verbindungen haben sehr viele Anwendungsgebiete (Schliebs 1980). Metallisches Chrom setzt man als Bestandteil metallischer Legierungen ein, um die Beständigkeit gegenüber Korrosion und Hitze zu erhöhen, wie beispielsweise in nichtrostenden Stählen (Downing et al. 2005; Pollack 1943). Das direkte Aufbringen einer dünnen Schicht reinen Chroms auf galvanischem Wege, um den Verschleiß eines Metalls zu verringern, nennt man Hartverchromung. Dies wendet man unter anderem bei aus Aluminium gefertigten Zylindern im Motorenbau oder bei verchromten Leichtmetallfelgen an.

Seit langem ist im Automobilbau das Chromatieren von Zink sehr wichtig, um die Stabilität von Blechen gegenüber Korrosion deutlich zu erhöhen. Dabei werden die Stahlbleche zunächst galvanisch verzinkt, bevor die aus Zink bestehende Oberfläche in chromathaltige Bäder getaucht wird. Das Zink wird dadurch angeätzt, und an der Metalloberfläche bildet sich eine äußerst stabile Passivierungsschicht aus Zinkchromat (Lyakišev und Gasik 1998).

Chromverbindungen setzt man in sehr großem Mengen zum Gerben von Leder ein.

Physiologie, Toxizität

Es ist nicht ausgeschlossen, dass Chrom-III eine Funktion im Stoffwechsel von Säugetieren haben könnte. Dem steht das hohe Gefährdungspotenzial vieler Chromverbindungen entgegen. Aktuelle Daten weisen jedenfalls darauf hin, dass es äußerst unwahrscheinlich ist, mit Chrom unterversorgt zu sein. Der im Verdauungstrakt herrschende pH-Wert lässt praktisch nur das extrem schwerlösliche Chrom-III-hydroxid entstehen, das dann auch so gut wie gar nicht im Darm aufgenommen wird (Vincent 2004). Die US-amerikanischen Behörden haben darauf reagiert und die empfohlene Aufnahmemenge an Chrom-III auf 35 µg/d (Männer) bzw. 25 µg/d (Frauen) herabgesetzt.

Im Jahr 2014 ist Chrom durch die Europäische Behörde für Lebensmittelsicherheit aus der Liste der essenziellen Mineralien gestrichen worden (EFSA 2014).

Chrom-VI-Verbindungen sind sogar fast durchgehend sehr giftig. Sie wirken ätzend, mutagen und teratogen (Guertin et al. 2004). Sie gelangen durch die Haut oder über die Atemwege in den Körper und verätzen die Haut bzw. schädigen das Lungengewebe. Menschen, die chronisch solchen Verbindungen ausgesetzt sind, haben ein erhöhtes Risiko für Lungenkrebs. Die Giftwirkung ist dabei umso höher, je schwerer löslich das Salz ist (Rubin und Strayer 2008).

5.2 Molybdän

Symbol:	Mo		
Ordnungszahl:	42		
CAS-Nr.:	7439-98-7		
Aussehen:	Grauglänzend	Molybdän, Pellet, 10 g, Ø 1,4 cm (Metallium Inc. 2016)	Molybdän, Pulver (Sicius 2016)
Entdecker, Jahr	Scheele (Schweden), 1778 Hjelm (Schweden), 1781		

Wichtige Isotope [natürliches Vorkommen (%)]	Halbwertszeit (a)	Zerfallsart, -produkt
$^{92}_{42}$Mo (14,84)	Stabil	------
$^{95}_{42}$Mo (15,92)	Stabil	-----
$^{96}_{42}$Mo (16,68)	Stabil	-----
$^{97}_{42}$Mo (9,55)	Stabil	-----
$^{98}_{42}$Mo (24,13)	Stabil	-----
$^{100}_{42}$Mo (9,63)	$7,3 * 10^{18}$	$\beta^-\beta^- > {}^{100}_{44}$Ru
Massenanteil in der Erdhülle (ppm):		14
Atommasse (u):		95,95
Elektronegativität (Pauling ◆ Allred&Rochow ◆ Mulliken)		2,16 ◆ K. A. ◆ K. A.
Normalpotential: $MoO_2 + 4e^- + 4\,H^+ \rightarrow Mo + 2\,H_2O$ (V)		$-0,152$
Atomradius (berechnet) (pm):		145 (190)
Van der Waals-Radius (pm):		Keine Angabe
Kovalenter Radius (pm):		154
Ionenradius (Cr^{2+}/Cr^{6+}, pm)		92/62
Elektronenkonfiguration:		[Kr] $4d^4\,5s^2$
Ionisierungsenergie (kJ/mol), erste ◆ zweite ◆ dritte ◆ vierte:		684 ◆ 1560 ◆ 2618 ◆ 4480
Magnetische Volumensuszeptibilität:		$1,2 * 10^{-4}$
Magnetismus:		Paramagnetisch
Kristallsystem:		Kubisch-raumzentriert
Elektrische Leitfähigkeit([A/(V $*$ m)], bei 300 K):		$1,82 * 10^7$
Elastizitäts- ◆ Kompressions- ◆ Schermodul (GPa):		329 ◆ 230 ◆ 126
Vickers-Härte ◆ Brinell-Härte (MPa):		1400–2740 ◆ 1370–2500
Mohs-Härte		5,5
Schallgeschwindigkeit (longitudinal, m/s, bei 293,15 K):		6190
Dichte (g/cm^3, bei 293,15 K)		10,28
Molares Volumen (m^3/mol, im festen Zustand):		$9,38 \cdot 10^{-6}$
Wärmeleitfähigkeit [W/(m $*$ K)]:		139
Spezifische Wärme [J/(mol $*$ K)]:		24,06
Schmelzpunkt (°C ◆ K):		2623 ◆ 2896
Schmelzwärme (kJ/mol)		36
Siedepunkt (°C ◆ K):		4612 ◆ 4885
Verdampfungswärme (kJ/mol):		617

Vorkommen

Molybdän gewinnt man meist als Nebenprodukt des Kupferbergbaus, da Kupferze bis zu 0,3 Gew.-% an *Molybdänit (Molybdänglanz, MoS_2)* enthalten können. Weitere Molybdänerze sind Wulfenit (Gelbbleierz, $PbMoO_4$) und Powellit $Ca(Mo,W)O_4$. Der Molybdänit wird zu einem Konzentrat mit einem Gehalt von > 50 % Molybdän aufgearbeitet. Die wichtigsten Vorkommen liegen in Chile, Peru, China, Kanada und den USA.

In elementarer Form kommt Molybdän nur äußerst selten vor. Auf der Erde gibt es bisher nur einen nachgewiesenen Fundort (Russland, Halbinsel Kamtschatka). Dagegen wurde es gleich in drei Gesteinsproben gefunden, die auf dem Mond gesammelt wurden. Diese Nachweise wurden bisher aber noch nicht offiziell belegt. Trotzdem ist Molybdän als eigenständiges Mineral nach Strunz erfasst.

Gewinnung

Zwei Drittel der gesamten Fördermenge des Molybdäns fallen als Nebenprodukt bei der Verhüttung von Kupfer an; nur ein knappes Drittel resultiert direkt aus Erzen des Elements. Im Prinzip ist die erste Zwischenstufe der Aufarbeitung immer das *Ammoniumheptamolybdat [$(NH_4)_6Mo_7O_{24}$]*, das danach bei Temperaturen um 400°C zu Molybdän-VI-oxid (MoO_3) geglüht wird:

$$\left[(NH_4)_6 Mo_7 O_{24} \right] \rightarrow 7\,MoO_3 + 6\,NH_3 + 3\,H_2O$$

Jenes reduziert man durch Überleiten von Wasserstoffgas über das bei Temperaturen von ca. 500°C entstehenden braune *Molybdän-IV-oxid (MoO$_2$)* dann bei ca. 1.100°C zu pulverförmigem Molybdän (Trueb 1996):

$$MoO_3 + H_2 \rightarrow MoO_2 + H_2O \qquad\qquad MoO_2 + 2\,H_2 \rightarrow Mo + 2\,H_2O$$

Das Pulver kann man bei Bedarf dann unter Argonatmosphäre im Lichtbogenofen oder im Elektronenstrahlofen zum kompakten Metall schmelzen. Eine weitere, zur Herstellung von Einkristallen erforderliche Reinigung erfolgt durch Zonenschmelzen.

258.000 t Molybdän wurden im Jahre 2013 hergestellt (Polyak 2015). Zwei Fünftel hiervon kamen aus China, 23 % aus den USA, 14 % aus Chile und 6,5 % aus Peru. Der Preis des Metalls verfiel in den letzten Jahren jedoch auf US$ 22,85/kg (2013). Die Weltreserven wurden 2014 auf 11 Mio. t geschätzt.

Eigenschaften

Molybdän ist silbrigweiß glänzend und hat von allen Elementen der 5. Periode den höchsten Schmelzpunkt. Nichtoxidierende Mineralsäuren, einschließlich Flusssäure, greifen das Metall nicht an, weshalb man das Metall in großen Mengen zur

Herstellung säurebeständiger Edelstähle ein setzt. Oxidierende Säuren (heiße konzentrierte Schwefelsäure, Salpetersäure oder Königswasser) korrodieren das Metall stark, ebenso wie oxidierende alkalische Schmelzen.

Verbindungen

Verbindungen mit Halogenen: Molybdän-III-fluorid (MoF₃) stellt man durch Reaktion von Molybdän-V-fluorid mit Molybdän bei Temperaturen von 400 °C her (Brauer 1975, S. 266):

$$3\,\mathrm{MoF_5} + 2\,\mathrm{Mo} \rightarrow 5\,\mathrm{MoF_3}$$

Die Verbindung ist ein hellgrüner Feststoff, der sich beim Erhitzen auf Temperaturen von 900 °C über schwarz nach dunkelrot verfärbt, was auf teilweise Zersetzung gründet. Die Kristallstruktur des Molybdän-III-fluorids ist nicht eindeutig belegt; die in der Literatur gemachten Angaben reichen vom Vanadium-III-fluorid- zum Rhenium-VI-oxid-Typ (Lavalle et al. 1960).

Molybdän-V-fluorid (MoF₅) erzeugt man aus *Molybdänhexacarbonyl [Mo(CO)₆]* mit Fluor bei Temperaturen von −78 °C (Brauer 1975, S. 266):

$$2\,\mathrm{Mo\!\left(CO\right)_6} + 5\,\mathrm{F_2} \rightarrow 2\,\mathrm{MoF_5} + 12\,\mathrm{CO}$$

Molybdän-V-fluorid schmilzt bei 64 °C, siedet bei 212 °C und ist ein gelber, an der Luft infolge Hydrolyse rauchender Feststoff, der in Form zyklisch angeordneter [MoF₅]₄-Tetramere kristallisiert (Voit et al. 1999).

Molybdän-VI-fluorid (MoF₆) ist bei Raumtemperatur eine farblose bis gelbliche Flüssigkeit, die bei Temperaturen von 17 °C erstarrt bzw. bei 34 °C siedet. Molybdän ist eines der Spaltprodukte des Urans, und somit tritt im Zuge der Trennung der Isotope $^{235}_{92}\mathrm{U}$ und $^{238}_{92}\mathrm{U}$ über das Uran-VI-fluorid auch $\mathrm{MoF_6}$ als Nebenprodukt auf, allerdings in sehr geringen Konzentrationen. Da zudem Molybdän und Wolfram in chemischer Hinsicht sehr ähnlich sind, enthält $\mathrm{MoF_6}$ auch immer geringe Anteile an *Wolfram-VI-fluorid (WF₆)* (Suenaga et al. 1993; Kikuyama et al. 2003).

Man stellt die Verbindung durch Umsetzung von Molybdän mit überschüssigem elementarem Fluor her (Brauer 1975, S. 267). Das unterhalb einer Temperatur von 17 °C feste Molybdän-VI-fluorid kristallisiert orthorhombisch, wobei die Fluoratome hexagonal-dichtest angeordnet sind (Levy et al. 1983) und sich oktaedrisch um ein Molybdänatom herum gruppieren (Drews et al. 2006).

Molybdän-ll-chlorid (MoCl₂) ist ein gelbes, gegenüber Luftsauerstoff beständiges Pulver der Dichte 3,71 g/cm³, das bei einer Temperatur von 530 °C unter Zersetzung schmilzt. Man stellt es durch thermische Disproportionierung von *Molybdän-III-chlorid (MoCl₃)* (I) bzw. durch Reaktion erhitzten Molybdänpulvers mit Phosgen (II) her (Brauer 1981, S. 1531):

(I) $2\,MoCl_3 \;\rightarrow\; MoCl_2 + MoCl_4$
(II) $Mo + COCl_2 \;\rightarrow\; MoCl_2 + CO$

Die Verbindung ist unlöslich in Wasser, Eisessig, Toluol und Benzin, löst sich aber in Ethanol, Ether, Aceton, Pyridin, verdünnten starken Basen und konzentrierter Salzsäure. Es Kristalliert orthorhombische und enthält einen oktaedrischen Mo_6-Cluster. Molybdän-II-chlorid it ein Polymer; man kann es mit der Formel $[\{Mo_6Cl_8\}\,Cl_{4/2}Cl_2]\infty$ beschreiben. Die $\{Mo_6Cl_8\}^{4+}$ -Clusterkerne sind über weiter entfernte Chloridliganden zu Schichten unendlicher Ausdehnung verbunden (Alsfasser und Meyer 2007; Kozhomuratova et al. 2007).

Das kupferrote bis braunrote, bei einer Temperatur von 410°C unter Dispro-portionierung (siehe oben) schmelzende *Molybdän-III-chlorid (MoCl₃)* entsteht durch Reduktion von Molybdän-V-chlorid mit Wasserstoff oder Zinn-II-chlorid (Brauer 1981, S. 1531):

$$MoCl_5 + H_2 \rightarrow MoCl_3 + 2\,HCl \qquad\qquad MoCl_5 + SnCl_2 \rightarrow MoCl_3 + SnCl_4$$

Molybdän-III-chlorid ist nur unter Schutzgas unbegrenzt haltbar. An feuchter Luft tritt langsame Oxidation sowie Hydrolyse ein. Es ist außer in verdünnter Salpetersäure und konzentrierter Schwefelsäure in kaum einem anderen Medium löslich. Die Verbindung kristallisiert in zwei jeweils monoklinen Modifikationen.

Molybdän-IV-chlorid (MoCl₄) tritt in Form eines paramagnetischen, licht-, luft- und hydrolyseempfindlichen schwarzen Pulvers oder in Gestalt schwarz-brauner, sechseckiger Säulen auf. Die Verbindung schmilzt bzw. siedet bei Temperaturen von 322°C bzw. 533°C und ist extrem empfindlich gegenüber Hydrolyse. Molybdän-IV-chlorid wird elegant durch Umsetzung von Molybdän-V-chlorid mit Benzol (I) oder Molybdän-III-chlorid (II) dargestellt (Brauer 1981, S. 1533):

(I) $2\,MoCl_5 + C_6H_6 \;\rightarrow\; 2\,MoCl_4 + C_6H_5Cl + HCl$
(II) $MoCl_5 + MoCl_3 \;\rightarrow\; 2\,MoCl_4$

Die Verbindung ist unter teilweiser Zersetzung und Bildung gelber bis rotbrauner Lösungen in Wasser, Ethanol und Ether löslich. Die α-Form kristallisiert trigonal, enthält Ketten aus trans-kantenverknüpften $MoCl_6$-Oktaedern) und wandelt sich 250°C in die β-Form um, die im Gegensatz zur α-Form cis-kantenverknüpfte $MoCl_6$ Oktaedern enthält (Holleman et al. 1995, S. 1470).

Molybdän-V-chlorid (MoCl$_5$) ist ein sehr hygroskopischer, blauschwarzer Feststoff der Dichte 2,93 g/cm^3, der bei Temperaturen von 194°C bzw. 268°C schmilzt bzw. siedet. Die Verbindung raucht an feuchter Luft, besitzt einen stechenden Geruch und zersetzt sich in Wasser unter heftiger Reaktion und Bildung von Chlorwasserstoff. Man stellt Molybdän-V-chlorid durch direkte Umsetzung von Molybdän mit Chlor im Wasserstoffstrom her (Brauer 1981, S. 1534) oder aber aus Molybdän-VI-oxid und Kohlenstoff-IV-chlorid unter Druck (Eagleson 1994, S. 662). Unzersetzt löst sich die Verbindung beispielsweise nur in Ether, Trichlormethan, Tetrachlorkohlenstoff oder Kohlenstoffdisulfid. Molybdän-V-chlorid tritt in mehreren Modifikationen auf, die jeweils unterschiedliche Kristallstrukturen aufweisen: eine monokline α-Form, eine trikline β-Form, eine orthorhombische γ-Form und eine monokline δ-Form (Perry 2011, S. 281; Beck und Wolf 1997).

Molybdän-VI-chlorid (MoCl$_6$) ist durch Umsetzung von *Molybdän-VI-fluorid (MoF$_6$) mit Borchlorid (BCl$_3$)* bei tiefer Temperatur gewinnbar (Tamadon und Seppelt 2013):

$$MoF_6 + 2\,BCl_3 \;\rightarrow\; MoCl_6 + 2\,BF_3$$

Der schon bei einer Temperatur von 17°C schmelzende, schwarze Feststoff ist sehr unbeständig und spaltet leicht Chlor ab.

Molybdän-II-bromid (MoBr$_2$) entsteht aus der Reaktion von Molybdän-II-chlorid mit Lithiumbromid (Brauer 1981, S. 1536):

$$MoCl_2 + 2\,LiBr \;\rightarrow\; MoBr_2 + 2\,LiCl$$

Die Umsetzung von Molybdän mit unterschüssigem Brom, z. B. einem Stickstoff/Brom-Gasgemisch, führt bei Temperaturen von 650°C–700°C zum gleichen Ergebnis. Molybdän-II-bromid schmilzt unter Zersetzung bei ca. 700°C und ist ein diamagnetisches, wasseranziehendes, gelb-rotes bis braunes Pulver, das unlöslich in Wasser und nichtoxidierenden Säuren ist. Es löst sich aber in heißer, konzentrierter Schwefelsäure oder auch in warmer verdünnter Natronlauge.

Molybdän-III-bromid (MoBr$_3$) ist aus Molybdän mit Brom unter Kohlendioxid bei Temperaturen um 350°C erhältlich (Brauer 1981, S. 1537):

$$2\,Mo + 3\,Br_2 \rightarrow 2\,MoBr_3$$

Alternativ funktioniert auch die Reduktion von *Molybdän-IV-bromid (MoBr$_4$)* mit Molybdän, Wasserstoff oder einem Kohlenwasserstoff (Perry 2011, S. 279). Der bei einer Temperatur von 500°C unter Zersetzung (Bildung von Brom und Molybdän-II-bromid) schmelzende Feststoff weist eine Dichte von 4,89 g/cm^3 auf, ist unlöslich in Wasser und Säuren und kristallisiert orthorhombisch (Babel 1972).

Molybdän-IV-bromid (MoBr$_4$) entsteht durch Bromieren von Molybdän-III-bromid oder von Molybdänhexacarbonyl (Gutmann 1967). Der schwarze, kristalline Feststoff ist sehr empfindlich gegenüber Oxidation und Hydrolyse; Erhitzen auf Temperaturen auf 110°C und höher führt zur Zersetzung in Molybdän-III-bromid und Brom.

Das schwarze, an der Luft beständige Molybdän-II-iodid (MoI$_2$) erhält man durch Reaktion von Molybdän-II-bromid mit Lithiumiodid (Brauer 1981, S. 1539) oder durch Erhitzen von Molybdän-III-iodid im Vakuum:

$$MoBr_2 + 2\,LiI \rightarrow MoI_2 + 2\,LiBr \qquad\qquad 2\,MoI_3 \rightarrow 2\,MoI_2 + I_2$$

Molybdän-III-iodid (MoI$_3$) ist das Produkt der Umsetzung von Molybdänhexacarbonyl mit Iod bei Temperaturen von ca. 100°C (Brauer 1981, S. 1539):

$$2\,Mo(CO)_6 + 3\,I_2 \rightarrow 2\,MoI_3 + 12\,CO$$

Das schwarze, antiferromagnetische, an der Luft stabile und bei 927°C schmelzende Kristallisat ist in kaum einem Medium löslich.

Verbindungen mit Chalkogenen: Molybdän-IV-oxid (MoO$_2$) schmilzt bei 1.100°C, hat eine Dichte von 6,47 g/cm^3 und tritt -sehr selten- natürlich als Mineral Tugarinovit auf. Es ist durch Reduktion von Molybdän-VI-oxid mit Wasserstoff, Ammoniak oder Molybdän bei hohen Temperaturen zugänglich (Cotton et al. 1999). Der braunviolette Feststoff kristallisiert monoklin; in fein verteilter Form ist er an der Luft pyrophor (selbstentzündlich). Die Verbindung wird unter anderem als Katalysator für die Dehydrierung von Alkoholen verwendet (Balandin und Rozhdestvenskaya 1959).

Das wichtigste Oxid des Molybdäns ist aber *Molybdän-VI-oxid (MoO$_3$)*, das bei Temperaturen von 795°C bzw. 1.155°C schmilzt bzw. siedet, eine Dichte von 4,70 g/cm^3 besitzt und im industriellen Maßstab durch Rösten von *Molybdän-IV-sulfid (MoS$_2$)* produziert wird:

$$2\,MoS_2 + 7\,O_2 \rightarrow 2\,MoO_3 + 4\,SO_2$$

In kleinen Mengen entsteht es durch Zugabe von Säure zu Molybdatlösung und nachfolgendem Trocknen der dabei ausfallenden „Molybdänsäure" („H$_2$MoO$_4$"), die in Wirklichkeit nur hydratisiertes Molybdän-VI-oxid ist und beim Erhitzen auf Temperaturen von 450°C das gesamte Wasser verliert (Heynes und Cruywagen 1986).

Sublimiert-nadelige Kristalle von Molybdän-VI-oxid, Nidox 1 (2011)

Molybdän-VI-oxid ist ein weißes, orthorhombisch kristallisierendes Pulver, das sich beim Erhitzen gelb färbt und nach dem Erkalten wieder farblos wird (Brauer 1981, S. 1544). Es löst sich kaum in Wasser, aber in alkalischen Lösungen besser, in denen es Molybdat (MoO_4^{2-}) bildet. Molybdän-VI-oxid wird sowohl als Edukt zur Synthese anderer Molybdänverbindungen eingesetzt als auch als Bestandteil von Emaille, des Weiteren auch als Katalysator für organische Synthesen.

Im Gegensatz zum Molekül der Schwefelsäure (H_2SO_4) gibt es keine diskreten H_2MoO_4-Moleküle. Die Salze der Molybdänsäure heißen Molybdate, wobei die Molybdationen (MoO_4^{2-}) wie die Sulfationen tetraedrisch koordiniert sind. Einige Lebewesen nutzen Molybdän-VI-oxid, das in Wasser und in verdünnten Säuren unlöslich ist und nur unter erhöhtem Druck geschmolzen werden kann (2.107°C/81.000 hPa). *Molybdän-IV-sulfid (MoS₂)* kommt in der Natur al Molybdänit bzw. Jordisit vor. Man kann es durch Reaktion von Molybdän-IV-oxid mit Schwefel in Gegenwart von Kaliumcarbonat oder aber aus den Elementen gewinnen (Brauer 1981, S. 1551):

$$MoO_2 + 3\,S \rightarrow MoS_2 + SO_2 \qquad\qquad Mo + 2\,S \rightarrow MoS_2$$

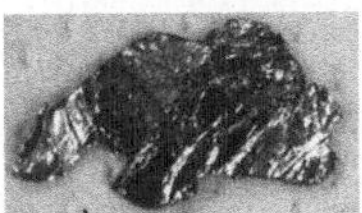

Molybdändisulfid (Materialscientist 2009)

Molybdän-IV-sulfid besitzt eine graphitähnliche Schichtstruktur, wobei die Schichten leicht gegeneinander verschiebbar sind und der Verbindung gute schmierende Eigenschaften verleihen. was zu einem schmierenden Effekt führt. Graphenähnliche Schichtstrukturen sind somit herstellbar (Radisavljevic et al. 2011,, Radisavljevic (2011)" wurde geändert zu „Radisavljevic et al. (2011)", „O'Donnell (2002)" zu „O'Donnell et al. (2002)", „Ikezoe (1998)" zu „Ikezoe et al. (1998)", „Lazarev (1994)" zu „Lazarev et al. (1994)", bitte überprüfen.). Das hexagonal kristallisierende Molybdän-IV-sulfid (Laman et al. 1985) ist ein Halbleiter einer

Bandlücke von 1,2 eV (Kam und Parkinson 1982), die sich in atomar dünnen Schichten auf bis zu 1,8 eV erhöhen kann (Mak et al. 2010; Merki et al. 2011).

Molybdän-IV-sulfid wird erst oberhalb von Temperaturen von 300°C durch Luftsauerstoff „geröstet" und zu Molybdäntrioxid oxidiert:

$$2\,MoS_2 + 9\,O_2 \;\rightarrow\; 2\,MoO_3 + 4\,SO_3$$

Unter Luftabschluss ist MoS_2 sogar bis zu sehr hohen Temperaturen (1.300°C) beständig. Die Verbindung löst sich weder in Wasser noch in verdünnten Säuren, jedoch unter Zersetzung in Königswasser und Schwefelsäure. Durch Chlor wird es zum *Molybdän-V-chlorid (MoCl₅)* oxidiert (I) und durch Wasserstoff bei hoher Temperatur zum *Molybdän-III-sulfid (Mo₂S₃)* reduziert (II):

(I) $\qquad 2\,MoS_2 + 7\,Cl_2 \;\rightarrow\; 2\,MoCl_5 + 2\,S_2Cl_2$

(II) $\qquad 2\,MoS_2 + H_2 \rightarrow Mo_2S_3 + H_2S$

Die Hauptanwendung ist die als trockenes Schmiermittel. Unter Ausschluss von Sauerstoff ist die Anwendung bis zu Temperaturen von gut 1.000°C möglich. Man mischt Molybdän-IV-sulfid oft Schmierölen zu, was die Lebensdauer des Schmierfilms und damit auch von Maschinenbauteilen deutlich verlängert. Typische Anwendungen sind beispielsweise Flugzeugtriebwerken und Turbinen.

Unverzichtbar ist Molybdän-IV-sulfid darüber hinaus bei fast allen Umformverfahren. Beim „Bondern" oder „Trommeln" wird eine Schicht der Verbindung gleichmäßig auf alle zu behandelnden Metallträger aufgebracht. Der Vorteil gegenüber klassischen Schmierstoffen wie Seife ist die höhere Temperaturbeständigkeit des festen Schmierstoffes. Auch Geschosse von Feuerwaffen schmiert man zwecks Erreichen einer höheren Geschwindigkeit des Geschosses mit Molybdän-IV-sulfid.

Molybdän-IV-sulfid dient als Katalysator, z. B. beim Entschwefeln von Rohöl. Ein mögliches weiteres Einsatzgebiet dieser Art ist das als Katalysator für Brennstoffzellen. Früher testete man die Verbindung in Lithium-Molybdän-IV-sulfid-Batterien (Laman et al. 1985; Brandt und Laman 1989).

Dimolybdäncarbid: Dimolybdäncarbid (Mo₂C) ist ein brennbarer, grauschwarzer und geruchloser Feststoff der Dichte 8,9 g/cm³, der bei einer Temperatur von 2.687°C schmilzt (Pierson 1996; Bertau et al. 2013). Die in Wasser nahezu unlösliche Verbindung tritt meist in einer α- und β-Modifikation auf, wobei letztere hexagonal-dichtest kristallisiert und bei niedrigen Temperaturen die stabilere ist. Man stellt die Verbindung durch Reaktion von Ammoniummolybdat mit Wasserstoff und Kohlenmonoxid bei Temperaturen von 550°C–600°C her (Khan und Taube 2006) oder die von Molybdän-VI-oxid mit Ruß in Wasserstoffatmosphäre bei Temperaturen oberhalb von 1350°C. Dimolybdäncarbid setzt man in einigen Hartmetallschneidstoffen ein, jedoch ist es anderen hierfür verwendeten Substanzen hinsichtlich seiner Härte unterlegen.

Molybdänhexacarbonyl: Molybdänhexacarbonyl [Mo(CO)₆] stellt man durch Aufleiten von Kohlenmonoxid unter Druck auf Molybdänhexachlorid (MoCl₆) bei gleichzeitiger Anwesenheit von Aluminiumalkylen (AlR₃) her (Brauer 1981, S. 1634):

$$MoCl_6 + 6\,CO + 2\,AlR_3 \rightarrow Mo(CO)_6 + 2\,AlCl_3 + 3\,R\text{-}R$$

Anstelle von Molybdän-VI-chlorid kann man auch Molybdän-V-chlorid bei Gegenwart eines reaktiven Metalls (z. B. Aluminium) einsetzen.

Im Molekül des bei Temperaturen von 150°C bzw. 156°C schmelzenden bzw. siedenden, ziemlich stabilen Molybdänhexacarbonyls sind die sechs CO-Liganden oktaedrisch um das Molybdänatom koordiniert (Elschenbroich 2008). Es ist schwer löslich in unpolaren organischen Lösungsmitteln. Wegen seiner Flüchtigkeit hat es relativ großes Gefahrenpotenzial für die Gesundheit, da es sowohl flüchtiges, im menschlichen Körper akkumulierbares Metall sowie Kohlenstoffmonoxid freisetzen kann. Es wurde in Spuren in den Faulgasen nachgewiesen, die in Kläranlagen freigesetzt werden (Feldmann 1999).

Die Kohlenstoffmonoxidliganden im Molekül sind durch andere Liganden ersetzbar. So ergibt die Bestrahlung mit UV-Licht in Gegenwart von Tetrahydrofuran einen THF substituierten Komplex Mo(CO)₅(THF), und die Umsetzung von Molybdänhexacarbonyl mit Piperidin einen gelben Komplex, in dessen Molekül zwei Kohlenstoffmonoxidliganden durch Piperidin ersetzt sind [Mo(CO)₄ (Piperidin)₂]. Molybdänhexacarbonyl setzt man als Katalysator in der organischen Synthese ein, beispielsweise bei den (2 + 2 + 1)-Cycloadditionen von Alkin, Alken und Kohlenmonoxid (Pauson-Khand-Reaktion).

Anwendungen

Rund 70 % des hergestellten Molybdäns gehen in die Produktion von Metalllegierungen wie Ferro-Molybdän, in der es dieser eine wesentlich höhere Härte als Stahl verleiht. Generell setzt man Molybdän immer noch als Legierungsbestandteil zur Steigerung von Festigkeit, Korrosions- und Hitzebeständigkeit (Hastelloy®, Incoloy® oder Nicrofer®) ein, so auch in der Luft- und Raumfahrt. In Dünnschichttransistoren verkörpert Molybdän die leitende Metallschicht und in Dünnschichtsolarzellen den metallischen Rückleiter. Aus Molybdän bestehende Folien sorgen für die gasdichte Stromdurchführung in Quarzglas, wie beispielsweise in Halogenglühlampen.

Bei der Raffination von Erdöl dient Molybdän zur Entfernung von Schwefel und dessen Verbindungen. Dagegen verwendet man Molybdän-IV-sulfid verbreitet als Schmiermittel, sowohl separat als auch in Öl suspendiert. Molybdän-VI-oxid und Molybdate finden als Bestandteile der Feuerfestausrüstung von Textilien Verwendung.

Bei Röntgenuntersuchungen, die nur eine minimale Strahlenbelastung zulassen, dient Molybdän als Anodenmaterial. Schließlich gewinnt man das Technetiumisotop $^{99m}_{43}$Tc in situ unter anderem durch β-Zerfall des Isotops $^{99}_{42}$Mo.

Physiologie und Toxikologie

Molybdän ist überraschenderweise für die meisten Organismen essenziell, da es beispielsweise in der Nitrogenase, der Nitratreduktase oder der Sulfitoxidase enthalten ist, also Enzymen, die etwa den Abbau von Purin und die Synthese von Harnsäure katalysieren.

Der Organismus nimmt Molybdän in Form von Molybdat auf. Das Molybdän gelangt schließlich als Molybdän-Cofaktor in das jeweilige Enzym, wo das Molybdänion Redoxreaktionen katalysiert; dies durch häufigen Wechsel zwischen den Oxidationszahlen +4, +5 und +6 (Schwarz et al. 2009). Bei normaler Ernährung tritt Molybdänmangel nicht auf. Sind die inkorporierten Dosen zu hoch, so führt dies zu Gicht, Gelenk- und Leberkrankheiten. Der Molybdän-Cofaktor-Mangel ist als Erbkrankheit bekannt (Reiss und Hahnewald 2011).

Ein Mangel an Molybdän verringert den Ertrag bei vielen Nutzpflanzen, wobei in Pflanzen und auch Tieren Konzentrationen im Bereich von wenigen ppm aufrechterhalten werden müssen. Bestimmte mit Hülsenfrüchtlern in Symbiose lebende Knöllchenbakterien binden Luftstickstoff und reduzieren Nitrat zu Ammoniak mittels eines molybdänhaltigen Enzyms (Nitrogenase).

Bei Inhalation oder oraler Aufnahme können Molybdänstaub und -verbindungen schwach toxisch wirken. Das Element ist aber im Vergleich zu vielen anderen Schwermetallen nur wenig toxisch.

5.3   Wolfram

Symbol:	W		
Ordnungszahl:	74		
CAS-Nr.:	7440-33-7		
Aussehen:	Grauweiß glänzend	Wolfram, Pellet, 31 g, Ø 1,6 cm (Metallium Inc. 2016)	Wolfram, Pulver (Sicius 2016)

Entdecker, Jahr	Scheele (Schweden), 1783 Fausto/Juan José Elhuyar (Spanien), 1783

Wichtige Isotope [natürliches Vorkommen (%)]	Halbwertszeit (a)	Zerfallsart, -produkt
$^{180}_{74}$W (0,13)	$1,8 * 10^{18}$	$\alpha > {}^{176}_{72}$Hf
$^{182}_{74}$W (26,3)	Stabil	----
$^{183}_{74}$W (14,3)	Stabil	----
$^{184}_{74}$W (30,67)	Stabil	----
$^{186}_{74}$W (28,6)	Stabil	----

Massenanteil in der Erdhülle (ppm):	60
Atommasse (u):	183,84
Elektronegativität (Pauling ◆ Allred&Rochow ◆ Mulliken)	2,36 ◆ K. A. ◆ K. A.
Normalpotential: $WO_2 + 4H^+ + 4e^- \rightarrow W + 2H_2O$ (V)	$-0,119$
Atomradius (berechnet) (pm):	135 (196)
Van der Waals-Radius (pm):	Keine Angabe
Kovalenter Radius (pm):	162
Ionenradius (W^{4+}/W^{6+}, pm)	68/62
Elektronenkonfiguration:	[Xe] $4f^{14} 5d^4 6s^2$
Ionisierungsenergie (kJ/mol), erste ◆ zweite:	770 ◆ 1700
Magnetische Volumensuszeptibilität:	$7,8 * 10^{-5}$
Magnetismus:	Paramagnetisch
Kristallsystem:	Kubisch-raumzentriert
Elektrische Leitfähigkeit([A/(V * m)], bei 300 K):	$1,85 * 10^7$
Elastizitäts- ◆ Kompressions- ◆ Schermodul (GPa):	411 ◆ 310 ◆ 161
Vickers-Härte ◆ Brinell-Härte (MPa):	3430–4600 ◆ 2000–4000
Mohs-Härte	7,5
Schallgeschwindigkeit (longitudinal, m/s, bei 293,15 K):	5174
Dichte (g/cm³, bei 293,15 K)	19,25
Molares Volumen (m³/mol, im festen Zustand):	$9,47 * 10^{-6}$
Wärmeleitfähigkeit [W/(m * K)]:	170
Spezifische Wärme [J/(mol * K)]:	24,27
Schmelzpunkt (°C ◆ K):	3422 ◆ 3695
Schmelzwärme (kJ/mol)	35,2
Siedepunkt (°C ◆ K):	5555 ◆ 5828
Verdampfungswärme (kJ/mol):	774

Vorkommen

Wolfram ist in der kontinentalen Erdkruste nur mit einem Anteil von 1 ppm vertreten (Wedepohl 1995), elementar kommt es nicht auf der Erde vor. Wichtige Minerale sind Wolframit [(Mn, Fe)WO_4], Scheelit ($CaWO_4$), Stolzit ($PbWO_4$) und Tuneptit ($WO_3 * H_2O$). Die wichtigsten Förderländer sind China, Peru, die USA, Korea, Bolivien, Kasachstan, Russland, Österreich und Portugal, wobei die österreichischen Vorkommen (Scheelit im Felbertal, Hohe Tauern) die wichtigsten Europas sind. Die Weltreserve wird auf 2,9 Mio. t reinen Wolframs geschätzt.

Die Weltproduktion betrug 2013 ca. 71.000 t, von denen vier Fünftel aus China stammten. Die nächstwichtigen Förderländer waren die Russische Föderation (4.500 t), Kanada (2.500 t) und Österreich (1.400 t). Alle anderen Länder erzeugten weniger als 1.000 t/a. Die verfügbaren Weltreserven schätzte man im gleichen Jahr auf 2,9 Mio. t, wovon 1,9 Mio. t auf China, 290.000 t auf Kanada, 250.000 t auf Russland und 53.000 t (!) auf Bolivien entfallen.

Die Produktion in Österreich besteht schon seit mehreren Jahrzehnten, wurde zwischenzeitlich infolge des niedrigen Marktpreises für Wolfram aber immer wieder für einige Jahre ausgesetzt (14). Die Aufarbeitung des Erzkonzentrates erfolgt in Mittersill, die Endverarbeitung zu Wolfram, Wolframcarbid und Wolfram-VI-oxid im steirischen Sulmtal.

Gewinnung

Wolfram ist nicht durch Reduktion mit Kohle aus oxidischem Wolframerz erzeugen, da hierbei „nur" Wolframcarbid entsteht. Daher ist die Herstellung aufwendiger und beginnt durch Zusatz von Ammoniakwasser zu der nach dem Aufschluss des Erzes enthaltenen Wolframatlösung. Das Abfiltrieren des bei dieser Reaktion entstehenden Niederschlages sowie dessen Trocknung bei Temperaturen um 600°C liefert bereits ziemlich reines Wolfram-VI-oxid, das man bei etwas höherer Temperatur (800°C) im Wasserstoffstrom zu pulverförmigem, metallischem Wolfram reduziert:

$$WO_3 + 3\,H_2 \rightarrow W + 3\,H_2O$$

In Elektroöfen, in denen die Schmelztemperatur des Wolframs (3.422°C) erreicht wird, kann im Stile eines „Zonenschmelzens" unter Wasserstoffatmosphäre Wolfram in kompakter Form erschmolzen werden.

Eigenschaften

Physikalische Eigenschaften: Wolfram ist weißglänzend, in reiner Form dehnbar, gleichzeitig sehr hart und besitzt mit ca. 19,3 g/cm³ etwa dieselbe Dichte wie Gold oder Uran. Die Kristallstruktur des Metalls ist in der Regel kubisch-raumzentriert

(α-Wolfram). Wolfram schmilzt bei einer Temperatur von 3.422°C, weist daher den höchsten Schmelzpunkt aller chemischen Elemente auf und darüber hinaus mit 5.930°C auch den höchsten Siedepunkt. Es wird erst bei Sprungtemperatur von 15 mK supraleitend (Holleman et al. 2007, S. 1426).

Chemische Eigenschaften: Wolfram ist chemisch sehr beständig; selbst gegenüber Fluorwasserstoffsäure und Königswasser, zumindest bei Raumtemperatur. Nur Mischungen aus Fluss- und Salpetersäure sowie alkalische Alkalinitratschmelzen lösen Wolfram auf.

Verbindungen

Verbindungen mit Halogenen: Wolfram-VI-fluorid (WF$_6$) ist sehr giftig, stark ätzend und mit einer Dichte von 12,4 g/L das schwerste bekannte Gas unter Standardbedingungen. Es raucht an feuchter Luft wegen Hydrolyse zu Fluorwasserstoff und kondensiert bei einer Temperatur von 17°C zu einer hellgelben Flüssigkeit der Dichte von 3,44 g/cm^3 bei 15°C (Lassner und Schubert 1999), die bei 2,3°C zu einem weißen, kubisch kristallisierenden Feststoff der Dichte 3,99 g/cm^3 erstarrt. Dieser geht bei einer Temperatur von −9°C in eine orthorhombische Struktur über (Siegel und Northrop 1966; Levy et al. 1983; Drews et al. 2006; Levy 1975; Haaland et al. 1990).

Wolfram-VI-fluorid erhält man durch Reaktion von Wolfram im Fluorstrom bei Temperaturen von 350–400°C (Priest und Swinehert 1950):

$$W + 3\,F_2 \rightarrow WF_6$$

Das unter diesen Bedingungen entstehende gasförmige Wolfram-VI-fluorid trennt man destillativ von Verunreinigungen wie *Wolfram-VI-oxidfluorid (WOF$_4$)* ab (Vercamnen und Baele 2003; Suenaga et al. 1993).

Zur Herstellung von Wolfram-VI-fluorid bestehen viele weitere Möglichkeiten. Zur direkten Fluorierung metallischen Wolframs ist anstelle von Fluor beispielsweise auch Chlortrifluorid (ClF$_3$) oder Bromtrifluorid (BrF$_3$) einsetzbar. Ebenso kann man *Wolfram-VI-oxid (WO$_3$)* mit Fluorwasserstoff (H$_2$F$_2$), BrF$_3$ oder Schwefeltetrafluorid (SF$_4$) zur Umsetzung bringen. Oder aber man wählt die Fluorierung von Wolfram-VI-chlorid (WCl$_6$):

$$WCl_6 + 3\,H_2F_2 \rightarrow WF_6 + 6\,HCl \qquad WCl_6 + 2\,AsF_3 \rightarrow WF_6 + 2\,AsCl_3$$

Im auf diese Art erzeugten Produkt sind stets geringe Mengen an Molybdän-VI-fluorid enthalten, das nicht durch fraktionierte Destillation entfernbar ist. Vielmehr ist ein bei erhöhter Temperatur einzusetzendes Reduktionsmittel (dies kann auch elementares Molybdän sein) erforderlich, um Molybdän-VI in niedrigere Oxidationsstufen des Molybdäns zu überführen (Kikuyama et al. 2003). Wolfram-VI-fluorid reagiert unter diesen Bedingungen nicht.

Die technische Anwendung erfolgt oft bei der Produktion von Halbleiterschaltungen und Leiterplatten durch Aufdampfen der Substanz, worauf diese infolge Zersetzung einen Film metallischen Wolframs abscheidet, der nicht nur einen geringen elektrischen Widerstand aufweist, sondern auch eine große Wärme kapazität und chemische Stabilität. Wegen des rasanten Wachstums dieser Industrie liegt der aktuelle weltweite Verbrauch bei mehr als 200 t (!) der Verbindung. Die Abscheidung kann durch Reduktion mit Wasserstoff noch effektiver gestaltet werden (Aigueperse et al. 2005). Eine andere Anwendung betrifft diejenige als Puffer zur besseren Kontrollierbarkeit von in der Gasphase ablaufenden chemischen Reaktionen (Ifeacho 2008).

Wolfram-II-chlorid (WCl$_2$) stellt man mittels Reduktion von *Wolfram-VI-chlorid (WCl$_6$)* (Interrante 2009, I) oder Disproportionierung von *Wolfram-IV-chlorid (WCl$_4$)* bei Temperaturen um 500°C her (Brauer 1981, S. 1555, II):

(I) $WCl_6 + 2\,W \rightarrow 3\,WCl_2$

(II) $3\,WCl_4 \rightarrow WCl_2 + 2\,WCl_5$

Die Verbindung ist ein hellgraues, bei einer Temperatur von 500°C unter Zersetzung schmelzendes Pulver der Dichte 5,44 g/cm^3, das oktaedrische W$_6$-Cluster enthält und isotyp zu Molybdän-II-chlorid ist (Lautenschläger 2007). Man verwendet sie als Ausgangsstoff für einige organometallische Synthesen.

Wolfram-III-chlorid (WCl$_3$) ist durch Chlorieren von Wolfram-II-chlorid bei Temperaturen um 100°C zugänglich (Brauer 1981, S. 1556). Der bei einer Temperatur von 550°C schmelzende, schwarze Feststoff kristallisiert trigonal und weist hexamere Metallcluster [W$_6$Cl$_{12}$]$^{6+}$ auf, die dieselbe Struktur wie die entsprechenden Cluster des Niobs und Tantals besitzen (Riedel und Janiak 2011, S. 825).

Wolfram-IV-chlorid (WCl$_4$) ist durch Reduktion von Wolfram-VI-chlorid mit Aluminium (I, Brauer 1981, S. 1556) oder durch Umsetzung dieses Hexachlorids mit Wolframhexacarbonyl herstellbar (II, Kaesz 2009, S. 222):

(I) $3\,WCl_6 + 2\,Al \rightarrow 3\,WCl_4 + 2\,AlCl_3$

(II) $2\,WCl_6 + W(CO)_6 \rightarrow 3\,WCl_4 + 6\,CO$

Der schwarze, orthorhombisch kristallisierende, diamagnetische Feststoff ist ziemlich empfindlich gegenüber Hydrolyse und disproportioniert oberhalb einer Temperatur von 450°C zu Wolfram-II- und Wolfram-V-chlorid. Die Verbindung ist kaum löslich in organischen Lösungsmitteln (Riedel und Janiak 2011, S. 825).

Wolfram-V-chlorid (WCl₅) erzeugt man entweder durch Reaktion von Wolfram-VI-chlorid mit Wasserstoff bei Temperaturen von 350–400°C oder bei Bestrahlung seiner Lösung in Tetrachlorethen bei 100°C mit starkem Licht (Brauer 1981, S. 1556):

$$2\,WCl_6 + C_2Cl_4 \rightarrow 2\,WCl_5 + C_2Cl_6$$

Wolfram-V-chlorid ist ebenfalls schwarz, jedoch paramagnetisch und äußerst empfindlich gegenüber Hydrolyse. In Wasser zersetzt sich die bei Temperaturen von 253°C schmelzende und bei 268°C siedende Verbindung mit heftiger Reaktion. Die Kristallstruktur der Verbindung ist isotyp zu der von Molybdän(V)-chlorid.

Wolfram-VI-chlorid (WCl₆) stellt man durch Chlorieren von Wolfram (I) oder durch Erhitzen von Wolfram-VI-oxid mit Kohlenstofftetrachlorid (II) her (Brauer 1981, S. 1558):

(I) $W + 3\,Cl_2 \rightarrow WCl_6$
(II) $WO_3 + 3\,CCl_4 \rightarrow WCl_6 + 3\,COCl_2$

Schmelzpunkt und Siedepunkt der blauschwarzen, festen und hydrolyseempfindlichen Verbindung liegen bei 275°C bzw. 346°C (Herndon 2004). In trockener und vor Licht geschützter Atmosphäre ist Wolfram-VI-chlorid sehr lange haltbar. Infolge Hydrolyse an feuchter Luft spaltet es Chlorwasserstoff ab und wirkt ätzend und korrosiv. In diversen organischen Lösungsmitteln ist es leicht löslich (beispielsweise in Ethanol mit gelber, in Kohlenstofftetrachlorid mit roter Farbe); jedoch zersetzt sich Wolfram-VI-chlorid vor allem beim Erwärmen der Lösungen ziemlich schnell. Es kristallisiert rhomboedrisch (Taylor und Wilson 1974).

Wolfram-II-bromid (WBr₂) entsteht unter anderem durch Reduktion von Wolfram-V-bromid mit Aluminium (Brauer 1981, S. 1559, I) oder durch Bromieren von Wolfram bei Temperaturen oberhalb von 500°C (II):

(I) $WBr_5 + Al \rightarrow WBr_2 + AlBr_3$
(II) $W + Br_2 \rightarrow WBr_2$

Wolfram-II-bromid ist ein gelbgrüner, orthorhombisch kristallisierender bei 400°C unter Zersetzung schmelzender Feststoff, der mit Brom unter Bildung höherer Wolframbromide reagiert (Perry 2011, S. 439).

Wolfram-III-bromid (WBr₃) wird durch Bromieren von Wolfram-II-bromid (Brauer 1981, S. 1560) gewonnen und ist ein schwarzer, beim Erwärmen instabiler Feststoff. Immerhin ist die Verbindung an der Luft beständig und etwas in organischen Lösungsmitteln löslich.

Das schwarze, diamagnetische *Wolfram(IV)-bromid (WBr₄)* sublimiert bereits bei 240°C und wird durch Umsetzung von Wolfram-V-bromid mit Metallen (Wolfram oder Aluminium) bei Temperaturen oberhalb von 350°C (W) oder 240°C (Al) hergestellt (Brauer 1981, S. 1561):

$$4\,WBr_5 + W \rightarrow 5\,WBr_4 \qquad\qquad 3\,WBr_5 + Al \rightarrow 3\,WBr_4 + AlBr_3$$

Wolfram-V-bromid (WBr₅) ist das Produkt der Reaktion von Wolfram mit Brom bei Temperaturen bis zu 1000°C. Da unter diesen Bedingungen diverse Wolframbromide gebildet werden, muss das bei 286°C schmelzende und bei 333°C siedende Wolfram-V-bromid durch Destillation bzw. Sublimation gereinigt werden. Die Verbindung ist dunkelgrau, sehr empfindlich gegenüber Hydrolyse und in einigen getrockneten organischen Lösungsmitteln löslich.

Das ockerfarbene *Wolfram-II-iodid (WI₂)* entsteht bei der thermischen Zersetzung von *Wolfram-III-iodid (WI₃)* (Brauer 1981, S. 1564), ebenso bei der Umsetzung von Wolfram-IV-chlorid (WCl₄) mit Iodwasserstoff bei Temperaturen von 110°C und nachfolgendem Erhitzen auf 500°C im Vakuum. Schließlich liefert auch die Reaktion von Wolframhexacarbonyl mit Iod Wolfram-II-iodid (Johnson 1972). Die bei 800°C unter Zersetzung schmelzende Verbindung der Dichte 6,8 g/cm³ (Latscha und Mutz 2011, S. 231) ist gegenüber Luftsauerstoff und Feuchtigkeit unter Normalbedingungen beständig und kristallisiert orthorhombisch.

Wolfram-III-iodid (WI₃) entsteht bei der Umsetzung von Wolframhexacarbonyl mit Iod bei einer Temperatur von 120°C (Brauer 1981, S. 1564):

$$2\,W(CO)_6 + 3\,I_2 \rightarrow 2\,WI_3 + 12\,CO$$

Der schwarze Feststoff spaltet schon bei Raumtemperatur an Luft Iod ab und löst sich in Aceton und Nitrobenzol sowie etwas in Chloroform.

Verbindungen mit Chalkogenen: Wolfram-IV-oxid (WO₂) entsteht durch Reduktion von Wolfram-VI-oxid (WO₃) mit Wasserstoff (Brauer 1981, S. 1564) oder durch Umsetzung von Wolfram mit Wasserdampf bei hoher Temperatur. Der braune Feststoff schmilzt bei Temperaturen um 1.550°C und besitzt eine Dichte von 12,11 g/cm³. Die Verbindung kristallisiert monoklin (Wells 1984), ist diamagnetisch und besitzt wie Metalle elektrische Leitfähigkeit.

Sie wird in Katalysatoren sowohl für die Aufarbeitung von Erdöl als auch für die Entfernung von Stickstoffoxiden aus den Verbrennungsabgasen von Kraftwerken, wo Stickstoffoxide mit Ammoniak zu harmlosem Stickstoff umgesetzt werden. Weiterhin ist die Anwendung als färbender Bestandteil in Gläsern, Glasuren und Keramiken möglich.

Das bei Raumtemperatur gelbe, beim Erwärmen orange *Wolfram-VI-oxid (WO$_3$)* schmilzt bei einer Temperatur von 1.473°C und hat eine Dichte von 7,16 g/cm^3. Es kommt in Form seiner Hydrate natürlich vor (Elsmoreit, Tungstit, Meymacit). Wolfram-VI-oxid erzeugt man durch Glühen von Wolfram oder Wolframverbindungen unter Zutritt von Luft oder auch durch Zugabe von Salzsäure zu wässrigen Lösungen von Natriumwolframat (Brauer 1981, S. 1566):

$$Na_2WO_4 + 2\,HCl \rightarrow WO_3 + H_2O + 2\,NaCl$$

Wolfram-VI-oxid löst sich in Wasser und Säuren kaum oder überhaupt nicht; in Laugen dagegen unter Bildung von Wolframaten. Anwendungsgebiete sind unter anderem die als Katalysator in der Pigmentindustrie.

Wolfram-IV-sulfid (WS$_2$) ist ein graublauer bis schwarzer Feststoff, der bei einer Temperatur von 1250°C schmilzt, hexagonal kristallisiert und eine Dichte von 7,5 g/cm^3 aufweist. Natürlich kommt die Verbindung als Tungstenit vor, kann aber auch synthetisch hergestellt werden, entweder aus den Elementen (I) oder durch Umsetzung von Wolfram-VI-oxid mit Schwefel (II, Brauer 1981, S. 1574):

$$\text{(I)}\quad W + 2\,S \rightarrow WS_2$$
$$\text{(II)}\quad 2\,WO_3 + 7\,S \rightarrow 2\,WS_2 + 3\,SO_2$$

Anwendungsgebiete sind Katalysatoren und Detektoren.

Wolframcarbid: Die nichtoxidische Keramik Wolframcarbid (WC) hat sehr hohe Schmelz- bzw. Siedepunkte (2.785°C bzw. 6.000°C), auch die Dichte ist mit 15,63 g/cm^3 sehr hoch. Das Material ist beinahe so hart wie Diamant („Widia"). Man stellt es durch Erhitzen einer Mischung von Kohle- und Wolframpulver her, wodurch sich Kohlenstoffatome in das Kristallgitter des Wolframs einlagern. Da sich Wolframcarbid auch bei der Reaktion von Wolframoxiden mit Kohlenstoff bildet, scheidet dieser Weg zur Erzeugung von Wolfram aus. Aus diesem Grund wird zur Herstellung von Wolfram Wasserstoff als Reduktionsmittel angewandt. Wolframcarbid ist sehr hart und wird daher als Material für Werkzeuge eingesetzt.

2010 verbrauchten die wichtigsten Erzeugerländer ca. 40.000 t Wolfram (!) zur Herstellung von Wolframcarbid. Jedoch müssen noch 6–10 % Kobalt als Bindemittel zugesetzt werden; dies geschieht durch Sintern oder aber durch heißisostatisches Pressen unter extremem Druck (1600 bar) und bei Temperaturen um 1600°C (Upadhyaya 1998). Das Bearbeiten eines derart produzierten Hartmetalls auf der Grundlage von Wolframcarbid ist nur mittels Diamantschleifen oder – bei kleinen Objekten – Laserstrahlen möglich. Durch sogenanntes Flammenschmelzschweißen kann dieses Hartmetall auf große Bohrwerkzeuge aufgetragen werden (Bertau et al. 2013).

Die Anwendungen sind zahlreich. So ist Wolframcarbid Bestandteil von Bauteilen, an die hinsichtlich Verschleißfestigkeit sehr hohe Ansprüche gestellt werden, beispielsweise bei Umformwerkzeugen. Bei manchen Armbanduhren ist es eine Komponente des Gehäusematerials (Hersteller: Rado). Die Verbindung findet sich auch in Schmuckgegenständen, es ist aber zu bedenken, dass aus diesem Material hergestellte Ringe wegen dessen Härte (nach Mohs 9,5!) kaum zertrennt werden können.

Militärisch verwendet man Wolframcarbid als Kernmaterial in panzerbrechenden Geschossen. Die Kugeln in Kugelschreibern bestehen aus Wolframcarbid (O'Donnell et al. 2002), meist auch die Spikes von Fahrrad-Winterreifen (Kurlov und Gusev 2013).

Wolframhexacarbonyl: *Wolframhexacarbonyl [W(CO)₆]* ist ein flüchtiger, luftstabiler Komplex, in dessen Molekül das Wolframatom die Oxidationsstufe Null besitzt. Wolframhexacarbonyl wurde, wie andere Metallcarbonyle, in kleinsten Konzentrationen im in Kläranlagen entstehenden Faulgas nachgewiesen (Feldmann 1999). Man stellt die Verbindung meist aus *Wolfram-VI-chlorid* und Kohlenmonoxid in Gegenwart von Aluminiumalkylen oder Kupferpulver her (Brauer 1981, S. 1822):

$$WCl_6 + 6\,CO + 2\,AlR_3 \rightarrow W(CO)_6 + 2\,AlCl_3 + 3\,R\text{-}R$$

Im Molekül des Wolframhexacarbonyls sind die sechs Kohlenmonoxidliganden oktaedrisch um das zentrale Wolframatom angeordnet (Elschenbroich 2008, S. 330). Die Verbindung ist relativ luftstabil und hat eine Dichte von 2,65 g/cm³. Sie schmilzt bzw. siedet bei Temperaturen von 170°C bzw. 175°C, beginnt aber schon bei 150°C zu sublimieren. Wolframhexacarbonyl ist kaum löslich in unpolaren organischen Lösungsmitteln. Eine von mehreren Einsatzmöglichkeiten ist die Entschwefelung von Organoschwefelverbindungen.

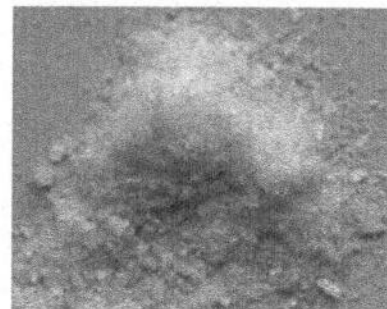

Wolframhexacarbonylkristalle (Materialscientist 2009)

Im Molekül des Wolframhexacarbonyls sind zwei CO-Moleküle durch *Wasserstoffatome* (!) ersetzbar, wenn ein drittes durch einen sterisch sehr anspruchsvollen Phosphonliganden (Tricyclohexylphosphin) ersetzt wird. Dieses Molekül

[W(CO)$_3$[P(C$_6$H$_{11}$)$_3$]$_2$(H$_2$)] wurde 1982 erstmals synthetisiert (Kubas 2001, S. 444). Der gleiche Autor beschreibt auch die Substitution dreier CO-Liganden durch Acetonitril (Kubas et al. 1990).

Anwendungen

Der mit Abstand größte Teil des weltweit produzierten Wolframs (90 %) geht in die Herstellung von Wolframstahl, der härter als Normalstahl ist. Wegen seines hohen Schmelzpunktes ist Wolfram Bestandteil von Legierungen, die zur Produktion der Turbinenschaufeln von Düsentriebwerken verwendet werden (Lassner et al. 2005). Ebenso bestehen die Glühwendeln in Glühlampen aus Wolfram.

Die Dichte von Wolfram ist mit 19,3 g/cm^3 ebenso hoch wie die des Golds und Urans. Man kann es daher zur Herstellung von Ausgleichsgewichten und zur Abschirmung von Röntgenstrahlung verwenden, für letztgenannte Anwendung bevorzugt an aber wegen des niedrigeren Preises und der leichteren Verarbeitbarkeit immer noch Blei. Es existieren Berichte, dass Wolfram daher zum Fälschen von Goldbarren (Wolframkern mit Goldummantelung) verwendet wird (Manager Magazin 2012).

Elektroden für Schweißprozesse müssen thermisch stark belastbar und chemisch widerstandsfähig sein; diese Bedingungen erfüllt Wolfram. Beim Wolfram-Inert-Gas-Schweißen (WIG) besteht eine Elektrode aus Wolfram oder einer seiner Legierungen. Zwischen der Wolframelektrode und dem Metallteil brennt dabei ein Lichtbogen unter Schutzgas. Ferner enthalten Sonden von Rastertunnelmikroskopen Wolfram, und das Metall ist Hauptbestandteil panzerbrechender Geschosse.

Die Sporttechnologie kennt ebenfalls viele Anwendungen des Elements. Das Gehäuse von Dartpfeilen besteht größtenteils aus Wolfram, desgleichen Pfeilspitzen, die im Bogenschießen zum Einsatz kommen. Die im Formel 1-Rennsport vorgeschrieben Zusatzgewichte sind – wegen des geringen Platzbedarfs – Platten aus Wolfram. Dementsprechend ist es auch in den Kielbomben größerer Sportsegelschiffe zu finden. Gelegentlich verstärken Fasern aus Wolfram den Carbonrahmen von Tennisschlägern.

Physiologie und Toxizität

Wolfram ist in Form eines Co-Faktors Bestandteil einiger Enzyme. So nutzen bestimmte Bakterien (Eubacterium acidaminophilum) ein Aminosäuren abbauendes, wolframhaltiges Enzym, das beispielsweise Ameisensäure bzw. deren Salze (Formiate) abbaut (Rauh et al. 2004; Bevers et al. 2009).

Wolfram und seine Verbindungen gelten weithin als physiologisch unbedenklich. Oral verabreichtes Wolfram wird meist schnell über den Urin wieder ausgeschieden, ein kleiner Teil wird in den Knochen abgelagert. Insgesamt können wegen der sehr geringen Löslichkeit der meisten Wolfram-VI-verbindungen auch nur sehr geringe Mengen direkt vom Organismus aufgenommen werden.

Im US-Bundesstaat Nevada traten in einer Gegend, in der das Grundwasser aufgrund lokaler Erzförderung hoch mit löslichen Wolframverbindungen belastet ist, überdurchschnittlich viele Fälle von Leukämie auf. Blut und Urin der dort lebenden Menschen zeigen stark erhöhte Konzentrationen an Wolfram. Nachfolgende umfangreiche Prüfungen konnten jedoch keinen Zusammenhang zwischen dem Auftreten von Krebs sowie hohen Wolframkonzentrationen im Trinkwasser herstellen.

5.4   Seaborgium

Symbol:	Sg		
Ordnungszahl:	106		
CAS-Nr.:	54038-81-2		
Aussehen:	----		
Entdecker, Jahr	Flerow, Oganessian et al. (Sowjetunion), 1974 Ghiorso, Seaborg et al. (USA), 1974		
Wichtige Isotope [natürliches Vorkommen (%)]	Halbwertszeit	Zerfallsart, -produkt	
$^{265}_{106}$Sg (synthetisch)	16 s	$\alpha > {}^{261}_{104}$Rf	
$^{266}_{106}$Sg (synthetisch)	20 s	$\alpha > {}^{262}_{104}$Rf	
$^{270}_{106}$Sg (synthetisch)	10 min	$\alpha > {}^{266}_{104}$Rf	
Massenanteil in der Erdhülle (ppm):	-----		
Atommasse (u):	(269)		
Elektronegativität (Pauling ♦ Allred&Rochow ♦ Mulliken)	Keine Angabe.		
Atomradius (berechnet) (pm):	132*		
Van der Waals-Radius (pm):	Keine Angabe		
Kovalenter Radius (pm):	143*		
Elektronenkonfiguration:	[Rn] $5f^{14}\ 6d^4\ 7s^2$		
Ionisierungsenergie (kJ/mol), erste ♦ zweite ♦ dritte:	757 ♦ 1733 ♦ 2484*		
Magnetische Volumensuszeptibilität:	Keine Angabe		
Magnetismus:	Keine Angabe		
Kristallsystem:	Kubisch-raumzentriert*		
Elektrische Leitfähigkeit([A/(V ∗ m)], bei 300 K):	Keine Angabe		
Dichte (g/cm³, bei 293,15 K)	35,0*		
Molares Volumen (m³/mol, im festen Zustand):	$7,7 * 10^{-6}$		
Wärmeleitfähigkeit [W/(m ∗ K)]:	Keine Angabe		

Spezifische Wärme [J/(mol $*$ K)]:	Keine Angabe
Schmelzpunkt (°C ◆ K):	2900 ◆ 3273*
Schmelzwärme (kJ/mol)	34*
Siedepunkt (°C ◆ K):	6500 ◆ 6773*
Verdampfungswärme (kJ/mol):	800*

*Geschätzte bzw. berechnete Werte

Gewinnung

Isotope des nicht natürlich vorkommenden, sondern ausschließlich künstlich erzeugbaren Seaborgiums sind durch kalte und heiße Fusion von Atomkernen zugänglich (Hoffman et al. 2006).

Die kalte Fusion erzeugt Atomkerne relativ geringer Anregungsenergie, die eine geringere Neigung zur spontanen Kernspaltung zeigen. Der durch Kernfusion primär erzeugte Atomkern geht durch Abgabe eines oder zweier Neutronen (x = 1, 2) in den Grundzustand über.

Erstmals beschossen Flerov und seine Mitarbeiter in Dubna 1974 Blei- mit Chromkernen (Oganessian 1974); diese Resultate erhielt im selben Jahr auch die Arbeitsgruppe um Ghiorso in den USA (Ghiorso et al. 1974):

$$^{208}_{82}\text{Pb} + {}^{54}_{24}\text{Cr} \rightarrow {}^{262\text{-x}}_{106}\text{Sg}$$

Die damals erhaltenen Resultate wurden jedoch zunächst als nicht ausreichend beweiskräftig verworfen. Zehn Jahre später beobachtete dieselbe Arbeitsgruppe einen Spontanzerfall (Halbwertszeit: 5 ms), der dem Isotop $^{260}_{106}\text{Sg}$ zugeordnet wurde (Barber et al. 1993). Später konnte entsprechend auch das Isotop $^{261}_{106}\text{Sg}$ rückverfolgt werden. Diese Untersuchungen wurden durch das Team des französischen Ganil-Instituts in der Form verbessert, dass Bleisulfid- statt Bleitargets zur Erzielung intensiverer Strahlung eingesetzt wurden. Auf diese Weise wurden 1.600 Atome $^{261}_{106}\text{Sg}$ erzeugt, dessen Halbwertszeit und Zerfallsschemata relativ genau und vollständig ermittelt wurden (Streicher et al. 2007).

Die Reaktion

$$^{207}_{82}\text{Pb} + {}^{54}_{24}\text{Cr} \rightarrow {}^{261\text{-x}}_{106}\text{Sg}$$

wurde 1974 ebenfalls von der Gruppe in Dubna untersucht. Dabei konnte man auch das Isotop $^{259}_{106}\text{Sg}$ nachweisen (Barber et al. 1993). Weitere Reaktionen mit noch leichteren Bleikernen wurden durchgeführt, wobei dann entsprechend leichtere Kerne des Seaborgiums erhalten wurden. Schließlich untersuchte das Team in Dubna auch die Reaktion

$$^{209}_{83}\mathrm{Bi} + {}^{51}_{23}\mathrm{V} \rightarrow {}^{260\text{-}x}_{106}\mathrm{Sg}$$

In deren Verlauf wies man zehn Atome des Isotops $^{258}_{106}\mathrm{Sg}$ nach.

Die heiße Fusion erzeugt hoch angeregte Atome, die einer größeren Gefahr der spontanen Kernspaltung unterliegen als solche, die mittels kalter Fusion produziert wurden. Jedoch können diese Atomkerne durch Emission von drei bis fünf Neutronen (x=3, 4, 5) in einen energieärmeren Zustand übergehen. Diese Methode diente zur Darstellung schwerer Kerne des Seaborgiums. Beispiele für heiße Fusionsreaktionen sind:

$$^{238}_{92}\mathrm{U} + {}^{30}_{14}\mathrm{Si} \rightarrow {}^{268\text{-}x}_{106}\mathrm{Sg}$$

Diese Reaktion wurde erst 1998 von Wissenschaftlern der japanischen Atomenergiebehörde (JAERI) untersucht, die dabei eine spontane Kernspaltung nachwiesen, die auf die Isotope 264106Sg bzw. 263105Db (Ikezoe et al. 1998). Das unter spontaner Kernspaltung zerfallende Isotop 264106Sg wiesen im Jahre 2006 sowohl das US-amerikanischen Livermore Berkeley National Laboratory als auch das russische Forschungsinstitut in Dubna GSI nach (Nishio et al. 2006; Gregorich 2006).

Die 1993 in Dubna durchgeführte Kernfusionsreaktion

$$^{248}_{96}\mathrm{Cm} + {}^{22}_{10}\mathrm{Ne} \rightarrow {}^{270\text{-}x}_{106}\mathrm{Sg}$$

mündete in der Entdeckung zweier langlebiger Isotope $^{266}_{106}\mathrm{Sg}$ bzw. $^{265}_{106}\mathrm{Sg}$, von denen die Halbwertszeit 20 bzw. 16 s betragen (Lazarev et al. 1994).

Als Namen für das neue Element 106 schlug die Arbeitsgruppe aus Berkeley/ Livermore 1974 Seaborgium vor. Zwanzig Jahre später empfahl die IUPAC den Namen Rutherfordium und verwarf zunächst den Vorschlag zu Seaborgium (IUPAC 1974), dem Grundsatz folgend, dass ein Element nie nach einer noch lebenden Person benannt werden solle. Nach kontroverser Diskussion wurde der Name Seaborgium dann doch noch angenommen (IUPAC 1997). Stattdessen ging der Name Rutherfordium dann auf das Element 104 über.

Eigenschaften

Seaborgium ist das schwerste Element der 6. Nebengruppe. Da die Oxidationsstufe +6 vom Chrom zum Wolfram hin immer stabiler wird, dürfte diese auch für Seaborgium die bevorzugte sein. Ebenso sollte das Element in den relativ beständigen Oxidationsstufen +5 und +4 auftreten können, die Stufe +3 hätte wahrscheinlich stark reduzierenden Charakter (Östlin und Vitos 2011).

Im Einzelnen sollte von Seaborgium also ein stabiles Oxid SgO_3 existieren, das in alkalischer Lösung in Seaborgat (SgO_4^{2-}) übergehen sollte. Die Existenz der Verbindungen SgF_6 und $SgCl_6$ wird vorhergesagt, möglicherweise ist auch die Bildung eines zu Wolfram analogen Seaborgium-VI-bromids ($SgBr_6$) möglich. In wässriger Lösung sollten Komplexe des Elements vorliegen, wie beispielsweise $SgOF_5^{-}$ und $SgO_3F_3^{3-}$.

Die thermische Gaschromatographie lieferte Hinweise auf ein Seaborgiumoxidchlorid. Atome des Seaborgiums wurden durch die Kernfusionsreaktion

$$^{248}_{96}Cm + {}^{22}_{10}Ne \rightarrow {}^{266}_{106}Sg + 4^{1}_{0}n$$

erzeugt und mit einer Mischung aus Sauerstoff und Chlorwasserstoffgas umgesetzt. Ergebnis war, dass Seaborgium genau wie seine leichteren Homologen Wolfram und Molybdän ein flüchtiges Oxidchlorid bildet. Andere Arbeiten beschrieben die Darstellung extrem geringer Mengen (wenige Moleküle) von Seaborgiumoxidhydroxid [$SgO_2(OH)_2$, Huebener et al. 2001] und des Hexacarbonyls [$Sg(CO)_6$, Even et al. 2014].

Insgesamt kennt man bisher 14 Isotope des Elements. Das mit einer Halbwertszeit von 2,1 min langlebigste ist $^{269}_{106}Sg$, das durch α-Zerfall in $^{265}_{104}Rf$ übergeht. Dasjenige mit der kürzesten Halbwertszeit (2,9 ms) ist $^{258}_{106}Sg$.

Literaturverzeichnis/Zum Weiterlesen

J. Aigueperse et al., Fluorine Compounds, Inorganic, in: Ullmann's Encyclopedia of Industrial Chemistry (Wiley-VCH, Weinheim, Deutschland, 2005)

R. Alsfasser und H. J. Meyer: Moderne Anorganische Chemie (De Gruyter Verlag, Berlin, Deutschland, 2007), ISBN 311019060–5

G. Anger et al., Chromium Compounds, in: Ullmann's Encyclopedia of Industrial Chemistry (Wiley-VCH, Weinheim, Deutschland, 2005)

J. Ans und E. Lax, Taschenbuch für Chemiker und Physiker: Band 3: Elemente, Anorganische Verbindungen und Materialien, Minerale (Springer Verlag, Heidelberg und Wiesbaden, Deutschland, 1998), S. 396, ISBN 3540600353

J. W. Anthony, Mineralogy of Arizona (University of Arizona Press, Phoenix, AZ, USA, 1995), S. 154, ISBN 081651555–7

D. Babel, Die Verfeinerung der MoBr3-Struktur, Journal of Solid State Chemistry, 4, 410–416 (1972)

A. A. Balandin und I. D. Rozhdestvenskaya, Some catalytic properties of molybdenum trioxide and dioxide, Russian Chemical Bulletin, 8(11), 1573 (1959)

R. C. Barber et al., Discovery of the transfermium elements. Part II: Introduction to discovery profiles. Part III: Discovery profiles of the transfermium elements, Pure and Applied Chemistry, 65(8), 1757 (1993)

J. Beck und F. Wolf, Three New Polymorphic Forms of Molybdenum Pentachloride, Acta Crystallographica Section B Structural Science, 53, 895–903 (1997)

Benjah-bmm27, Foto „Chrom-III-oxid", gemeinfreie Datei (2007)

Benjah-bmm27, Foto „Chrom-III-chlorid wasserfrei", gemeinfreie Datei (2009)

M. Bertau et al., Industrielle Anorganische Chemie (John Wiley & Sons, New York, NY, USA, 2013), S. 614, ISBN 978352764959–4

L. E. Bevers et al., The bioinorganic chemistry of tungsten, Coord Chem Rev., 253, 269–290 (2009)

M. Binnewies et al, Allgemeine und Anorganische Chemie, 2. Auflage (Spektrum Verlag, Heidelberg, Deutschland, 2010), S. 677, ISBN 3827425336

© Springer Fachmedien Wiesbaden 2016

H. Sicius, *Chromgruppe: Elemente der sechsten Nebengruppe*, essentials,

DOI 10.1007/978-3-658-13543-0

R. Blachnik et al., Taschenbuch für Chemiker und Physiker. Band III: Elemente, anorganische Verbindungen und Materialien, Minerale, 4. Auflage (Springer Verlag, Berlin, Deutschland, 1998), ISBN 3-540-60035-3

K. Bobzin, Oberflächentechnik für den Maschinenbau (John Wiley & Sons, Weinheim, Deutschland, 2013), S. 425, ISBN 978-3-527-68147-1

K. Brandt und F. C. Laman, Reproducibility and reliability of rechargeable lithium/molybdenum disulfide batteries, Journal of Power Sources, 25(4), 265–276 (1989)

G. Brauer, Handbuch der Präparativen Anorganischen Chemie, 3. Auflage, Band I (Enke Verlag, Stuttgart, Deutschland, 1975), ISBN 3-432-02328-6

A. B. Burg, Anhydrous Chromium(II) Chloride, Inorg. Synth., 3, 150–153 (1950)

BXXXD, Foto "Chrom-VI-oxid", gemeinfreie Datei (2005)

F. A. Cotton und G. Wilkinson, Anorganische Chemie (Verlag Chemie, Weinheim, Deutschland, 1967), S. 768–779

E. Doege und B.-A. Behrens, Handbuch Umformtechnik: Grundlagen, Technologien, Maschinen (Springer Verlag, Heidelberg, Deutschland, 2010), S. 435, ISBN 364204249-X

K. Dohnke, Die Lack-Story: 100 Jahre Farbigkeit zwischen Schutz, Schönheit und Umwelt (Dölling und Galitz-Verlag, Hamburg, Deutschland, 2000), S. 143, ISBN 3933374642

J. H. Downing et al., Chromium and Chromium Alloys, in Ullmann's Encyclopedia of Industrial Chemistry (Wiley-VCH Verlag, Weinheim, Deutschland, 2005)

T. Drews et al., Solid State Molecular Structures of Transition Metal Hexafluorides, Inorganic Chemistry, 45(9), 3782–3788 (2006)

M. Eagleson, Concise Encyclopedia Chemistry (De Gruyter Verlag, Berlin, Deutschland, 1994), ISBN 3-11-011451-8

C. Elschenbroich, Organometallchemie, 6. Auflage (Teubner Verlag, Wiesbaden, Deutschland, 2008), S. 330, ISBN 978-3-8351-0167-8

P. Enghag: Encyclopedia of the Elements: Technical Data – History – Processing (John Wiley & Sons, Weinheim, Deutschland, 2008), S. 576, ISBN 3-527-30666-8

European Food Safety Authority, Scientific Opinion on Dietary Reference Values for chromium, EFSA Journal, 12(10), 3845–3870 (2014)

J. Even et al., Synthesis and detection of a seaborgium carbonyl complex, Science 345(6203), 1491 (2014)

E. G. R. Fawcett: Spin-density-wave antiferromagnetism in chromium, Reviews of Modern Physics, 60, 209 (1976)

J. Feldmann, Determination of $Ni(CO)_4$, $Fe(CO)_5$, $Mo(CO)_6$, and $W(CO)_6$ in sewage gas by using cryotrapping gas chromatography inductively coupled plasma mass spectrometry, J. Environ Monit., 1, 33–37 (1999)

C. M. Folden, Measurement of the $^{208}Pb(^{52}Cr,n)^{259}Sg$ Excitation Function, Phys. Rev. C, 79(2), 027602 (2009)

A. Ghiorso et al., Element 106, Phys. Rev. Lett., 33(25), 1490–1493 (1974)

Gmelins Handbuch der anorganischen Chemie, Nr. 52, Chrom, Die Verbindungen (ohne Komplexbindungen mit neutralen Liganden), 8. Auflage (VCH, Weinheim, Deutschland, 1962), S. 465

N. N. Greenwood und A. Earnshaw, Chemie der Elemente, 1. Auflage (VCH, Weinheim, Deutschland, 1998), S. 1312, ISBN 3-527-26169-9

K. E. Gregorich, New isotope ^{264}Sg and decay properties of $^{262-264}Sg$, Phys. Rev. C 74(4), 044611 (2006)

J. Guertin et al., Chromium(VI) Handbook *(CRC Press, Boca Raton, FL, USA, 2004), S. 7, ISBN 0-20348796-6*

V. Gutmann, Halogen Chemistry *(Elsevier, Amsterdam, Niederlande,1967), S. 260, ISBN 0323148476*

A. Haaland et al., The Coordination Geometry of Gaseous Hexamethyltungsten is not Octahedral, Journal of the American Chemical Society, 112(11), 4547–4549 (1990)

F. H. Herbstein et al., Crystal structures of chromium(III) fluoride trihydrate and chromium(III) fluoride pentahydrate. Structural chemistry of hydrated transition metal fluorides. Thermal decomposition of chromium(III) fluoride nonahydrate, Zeitschrift für Kristallographie, 171(3–4), 209–224 (1985)

J. W. Herndon, Tungsten(VI) Chloride, in: Encyclopedia of Reagents for Organic Synthesis (J. Wiley & Sons, New York, NY, USA, 2004)

J. B. B. Heynes und J. J. Cruywagen, Yellow Molybdenum(VI) Oxide Dihydrate, Inorganic Syntheses, 24, 191 (1986)

J. Heyrovský und J. Kůta, Grundlagen der Polarographie (Akademie-Verlag, Ost-Berlin, DDR, 1965), S. 509

D. C. Hoffman et al., Transactinides and the future elements, in: J. Fuger, The Chemistry of the Actinide and Transactinide Elements, 2. Auflage (Springer Science+Business Media, Dordrecht, Niederlande, 2006), ISBN 1-4020-3555-1

A. F. Holleman, E. Wiberg und N. Wiberg, Lehrbuch der Anorganischen Chemie, 101. Auflage (De Gruyter Verlag, Berlin, Deutschland, 1995), ISBN 3-11-012641-9

A. F. Holleman, E. Wiberg und N. Wiberg, Lehrbuch der Anorganischen Chemie, 102. Auflage (De Gruyter Verlag, Berlin, Deutschland, 2007), ISBN 978-3-11-017770-1

S. Huebener et al., Physico-chemical characterization of seaborgium as oxide hydroxide, Radiochim. Acta, **89**, 737–741 (2001)

P. O. Ifeacho, Semi-conducting metal oxide nanoparticles from a low-pressure premixed H_2/ O_2/Ar flame: Synthesis and Characterization (Cuvillier Verlag, Göttingen, Deutschland, 2008), S. 52, ISBN 3-86727-816-4

H. Ikezoe et al., First evidence for a new spontaneous fission decay produced in the reaction $^{30}Si + ^{238}U$, The European Physical Journal A, **2**(4), 379 (1998)

L. V. Interrante, Inorganic Syntheses, Nonmolecular Solids *(John Wiley & Sons, New York, NY, USA, 2009), ISBN 0470132965*

IUPAC, Names and symbols of transfermium elements (IUPAC Recommendations 1994), Pure and Applied Chemistry, **66**(12), 2419 (1994)

IUPAC, Names and symbols of transfermium elements (IUPAC Recommendations 1997), Pure and Applied Chemistry, **69**(12), 2471 (1997)

B. F. G. Johnson, Inorganic Chemistry of the Transition Elements *(Royal Society of Chemistry, London, Vereinigtes Königreich, 1972), S. 94, ISBN 0851865003*

H. D. Kaesz, Inorganic Syntheses *(John Wiley & Sons, New York, NY, USA, 2009), S. 222, ISBN 0470132922*

K. K. Kam und B. A. Parkinson, Detailed Photocurrent Spectroscopy of the Semiconducting Group VI Transition Metal Dichalcogenides, The Journal of Physical Chemistry, *86(4), 1982, 463–467 (1982)*

G. Kazantzis und P. Leffler, Handbook on the Toxicology of Metals, 3. Auflage (Elsevier Inc., New York, NY, USA, 2007), S. 871–879

H. Kikuyama et al., Method for Purification of Tungsten Hexafluoride (US6896866, veröffentlicht 15. Mai 2003

Kirk-Othmer, Encyclopedia of Chemical Technology, 4. Auflage, Band 6 (John Wiley & Sons, New York, NY, USA, 1991), S. 269

M. H. Khan und J. A. Taube, Verfahren zur Herstellung von Molybdäncarbid, DE0001310300, veröffentlicht 26. Januar 2006

G. J. Kubas, Metal Dihydrogen and σ-Bond Complexes, Structure, Theory, and Reactivity (Kluwer Academic/Plenum Publishers, New York, NY, USA, 2001), 444 S., ISBN 978-0-306-46465-2.

G. J. Kubas et al., Tricarbonyltris(Nitrile) Complexes of Cr, Mo, and W, Inorganic Syntheses, 28, 29–33 (1990)

A. S. Kurlov und A. I. Gusev, Tungsten Carbides: Structure, Properties and Applicatio, in: Hardmetals (Springer Verlag, Heidelberg, Deutschland, 2013), ISBN 978-3-319-00523-2

Zh. S. Kozhomuratova et al., Octahedral cluster Mo complexes (Bz3NH)3[Mo6OCl13] and (Bz3NH)2[Mo6Cl14],· 2CH3CN: Synthesis, crystal structure and properties, Russian Journal of Coordination Chemistry. 33, 213–221 (2007)

F. C. Laman et al., Rate limiting mechanisms in lithium-molybdenum disulfide batteries, Journal of Power Sources, *14(1–3), 201–207 (1985)*

E. Lassner und W.-D. Schubert, Tungsten: Properties, Chemistry, Technology of the Element, Alloys, and Chemical Compounds (Springer Verlag, Heidelberg, Deutschland, 1999), S. 111 und 168, ISBN 0-306-45053-4

E. Lassner et al., Tungsten, Tungsten Alloys, and Tungsten Compounds, in: Ullmann's Encyclopedia of Industrial Chemistry (Wiley-VCH Verlag, Weinheim, Deutschland, 2005)

H. P. Latscha und M. Mutz, Chemie der Elemente *(Springer Verlag, Heidelberg, Deutschland, 2011), S. 231, ISBN 3642169155*

K.-H. Lautenschläger, Taschenbuch der Chemie *(Harri Deutsch Verlag, Frankfurt/Main, Deutschland, 2007), S. 556,ISBN 9783817117611*

D. E. LaValle et al., The Preparation and Crystal Structure of Molybdenum(III)-fluoride, Journal of the American Chemical Society, 82, 2433–2434 (1960)

Yu. A. Lazarev et al., Discovery of Enhanced Nuclear Stability near the Deformed Shells N=162 and Z=108, Physical Review Letters, *73(5), 624–627 (1994)*

J. H. Levy, The Structures of Fluorides XIII: The Orthorhombic Form of Tungsten Hexafluoride at 193 K by Neutron Diffraction, Journal of Solid State Chemistry, 15(4), 360–365 (1975)

J. H. Levy et al., Neutron Powder Structural Studies of UF6, MoF6 and WF6 at 77 K, Journal of Fluorine Chemistry, 23(1), 29–36 (1983)

N. P. Lyakišev und M. I. Gasik, Metallurgy of chromium (Allerton Press, New York, NY, USA, 1998), ISBN 0-89864-083-0

K. F. Mak et al., Atomically Thin MoS$_2$: A New Direct-Gap Semiconductor, Physical Review Letters, *105(13), 136805 (2010)*

Manager Magazin online, Vorsicht Fälschung: Wolfram im Goldmantel, 5. April 2012

O. Mangl, Foto „Chrom-III-chlorid Hexahydrat", gemeinfreie Datei (2007)

W. Martienssen und H. Warlimont, Springer Handbook of Condensed Matter and Materials Data *(Springer Verlag, Heidelberg, Deutschland, 2005), S. 468, ISBN 354030437–1*

Materialscientist, Foto „Wolframhexacarbonyl", 2009

D. Merki et al., Amorphous molybdenum sulfide films as catalysts for electrochemical hydrogen production in water, Chemical Science, *2(7), 1262–1267 (2011)*

Metallium Inc., Fotos "Molybdän" und "Wolfram", 2016

O. Mitsuyuki et al., Mechanical–thermal synthesis of chromium carbides, Journal of Alloys and Compounds, *439(1–2), 189–195 (2007)*

L. Monico et al., *Degradation Process of Lead Chromate in Paintings by Vincent van Gogh Studied by Means of Synchrotron X-ray Spectromicroscopy and Related Methods. 2. Original Paint Layer Samples, Analytical Chemistry, 83(4), 1224–1231 (2011)*

G. Münzenberg et al., The isotopes $^{259}106$, $^{260}106$, and $^{261}106$, Zeitschrift für Physik A, **322**(2), 227 (1985)

Nidox, Foto "Kristalle von Molybdän-VI-oxid", eigenes Werk (2011)

K. Nishio et al., *Production of seaborgium isotopes in the reaction of ^{30}Si + ^{238}U, GSI Annual Report (2006)*

K. Nishio et al., Measurement of evaporation residue cross-sections of the reaction ^{30}Si + ^{238}U at subbarrier energies, Eur. Phys. J. A, **29**(3), 281–287 (2006)

S. O'Donnell et al., *Verbesserte Kugel für Kugelschreiber, Sandvik AB, Patent DE69808514, veröffentlicht 7. November 2002*

A. Östlin und L. Vitos, First-principles calculation of the structural stability of 6d transition metals, Physical Review B, **84**(11), 113104 (2011)

Yu. Ts. Oganesyan, Synthesis of Neutron-deficient Isotopes of Fermium, Kurchatovium and Element 106, JETP Letters, **20**, 265–266 (1974)

D. L. Perry, Handbook of Inorganic Compounds, 2. Auflage *(Taylor & Francis, Abingdon, Vereinigtes Königreich, 2011), ISBN 1439814619*

H. O. Pierson, Handbook of Refractory Carbides & Nitrides: Properties, Characteristics, *William Andrew, Norwich, NY, USA, 1996), S. 111*

A. Pollack, *Zwanzig Jahre Verchromung, Chemiker-Zeitung, 67, 279–280 (1943)*

D. E. Polyak, *Molybdenum, United States Geological Survey (U. S. Department of the Interior, Washington, D. C., USA, 2015)*

H. F. Priest und C. F. Swinehert: *Anhydrous Metal Fluorides, in: Inorg. Synth., Band 3, (Wiley-Interscience, New York, NY, USA, 1950), S. 171–183, ISBN 978-0-470-13162-6*

B. Radisavljevic et al., Single-layer MoS_2 transistors, Nature Nanotechnology, **6**, *147–150 (2011)*

D. Rauh et al, *Tungsten-containing aldehyde oxidoreductase of Eubacterium acidaminophilum., Eur. J. Biochem., 271, 212–219 (2004)*

J. Reiss und R. Hahnewald, *Molybdenum cofactor deficiency: Mutations in GPHN, MOCS1, and MOCS2, Human Mutation, 32, 10–18 (2011)*

E. Riedel und C. Janiak, Anorganische Chemie, 8. Auflage *(De Gruyter Verlag, Berlin, Deutschland, 2011), ISBN 3-11-022566-2*

E. Rubin und D. Strayer, *Environmental and Nutrional Pathology, in: R. Rubin und D. Strayer: Rubin's Pathology (Lippincott, Williams & Wilkins, Philadelphia, PA, USA, 2008), S. 268*

P. P. Samuel et al., *Cr(I)Cl as well as Cr+ are stabilised between two cyclic alkyl amino carbenes, Chemical Sciences (The Royal Society of Chemistry, London, 2015)*

R. Schliebs, *Die technische Chemie des Chroms, Chemie in unserer Zeit, 14, 13–17 (1980)*

G. Schwarz et al., Molybdenum cofactors, enzymes and pathways, Nature, **460**(7257), 839–847 (2009)

H. Sicius, *Foto "Chrom", private Mitteilung (2006)*

H. Sicius, *Foto "Molybdän", private Mitteilung (2006)*

H. Sicius, *Foto "Wolfram", private Mitteilung (2006)*

S. Siegel und D. A. Northrop, *X-Ray Diffraction Studies of Some Transition Metal Hexafluorides, Inorg. Chem., 5(12), 2187–2188 (1966)*

Spiegel Online, UV-Licht lässt Van-Gogh-Gemälde verblassen (Rudolf Augstein Verlag, Hamburg, Deutschland, 15. Februar 2011)

J.S. Stephens und D.W.J. Cruickshank, The Crystal Structure of (CrO3), Acta Cryst., **B26**, *222–226 (1970)*

B. Streicher et al., Alpha-Gamma Decay Studies of ^{261}Sg, Acta Physica Polonica B, **38**(4), 1561 (2007)

T. Suenaga, Method of Refining Tungsten Hexafluoride Containing Molybdenum Hexafluoride as an Impurity (US5234679, veröffentlicht 10. August 1993)

F. Tamadon und K. Seppelt: Die schwer fassbaren Halogenide VCl$_5$, MoCl$_6$ und ReCl$_6$. In: Angewandte Chemie, **125**, *797–799 (2013)*

J. C. Taylor und P. W. Wilson, The structure of [beta]-tungsten hexachloride by powder neutron and X-ray diffraction, Acta Cryst, **B30**, *1216–1220 (1974)*

Tomihahndorf, Foto "Chrom", gemeinfreie Datei (2006)

L. F. Trueb, Die chemischen Elemente. Ein Streifzug durch das Periodensystem (S. Hirzel Verlag, Stuttgart/ Leipzig, Deutschland 1996), ISBN 3-7776-0674-X

G. S. Upadhyaya: Cemented Tungsten Carbides: Production, Properties and Testing (Noyes Publications, Parkridge, NJ, USA, 1998), ISBN 978-0-8155-1417-6

H. Vercamnen und J. Baele, Method for tungsten chemical vapor deposition on a semiconductor substrate (Patent US6544889, veröffentlicht am 8. April 2003)

J. B. Vincent: Recent advances in the nutritional biochemistry of trivalent chromium, Proceedings of the Nutrition Society, **63**, *41–47 (2004)*

E. I. Voit et al., Quantum chemical study of the structure of molybdenum pentafluoride, Journal of Structural Chemistry, **40**, *380–386 (1999)*

K. H. Wedepohl, The composition of the continental crust, Geochimica et Cosmochimica Acta, Volume **59**(7), *1217–1232 (1995)*

A. F. Wells, Structural Inorganic Chemistry, 5. Auflage (Clarendon Press, Oxford, Vereinigtes Königreich 1984), ISBN 0-19-855370-6

J. Ziegler, Die Schweiz, das Gold und die Toten, 1. Auflage (C. Bertelsmann Verlag, München, Deutschland, 1997), S. 46

J. J. Zuckerman, Inorganic Reactions and Methods, The Formation of Bonds to Halogens. John Wiley & Sons, New York, NY, USA, 2009), S. 178–182, ISBN 0470145390